# 湖南油茶高效栽培气象服务手册

廖玉芳◎主编

湖南大学出版社

·长沙·

# 内 容 简 介

　　湖南是油茶产业大省，发展以油茶为代表的木本油料产业具有战略性意义。而气候是制约油茶产业高质量发展的重要因素之一。本手册共分 4 章，以湖南适宜油茶生产的气候区域分布等相关内容引入，介绍了油茶主要生产活动时间、气候概况、天气因素及可获取的气象服务产品等，给出了主要气象灾害防御指南及油茶主要病虫害防御指南。书后附有较为详细的油茶气候区划信息表以及油茶病虫害图例，可供参考。

　　本手册对充分挖掘湖南油茶发展气候潜力、科学规避气象灾害风险和应对气候变化影响有重要的现实意义。

## 图书在版编目（CIP）数据

　　湖南油茶高效栽培气象服务手册/廖玉芳主编. —长沙：湖南大学出版社，2022.9

　　ISBN 978-7-5667-2536-3

　　Ⅰ.①湖…　Ⅱ.①廖…　Ⅲ.①油茶—农业气象—气象服务—手册
Ⅳ.①S165-62 ②S794.4-62

中国版本图书馆 CIP 数据核字（2022）第 097214 号

## 湖南油茶高效栽培气象服务手册
HUNAN YOUCHA GAOXIAO ZAIPEI QIXIANG FUWU SHOUCE

主　　编：廖玉芳
策划编辑：卢　宇
责任编辑：廖　鹏
印　　装：长沙市宏发印刷有限公司
开　　本：880 mm×1230 mm　1/32　印　　张：1.75　字　　数：51 千字
版　　次：2022 年 9 月第 1 版　　　　印　　次：2022 年 9 月第 1 次印刷
审 图 号：湘 S（2017）170
书　　号：ISBN 978-7-5667-2536-3
定　　价：28.00 元

出 版 人：李文邦
出版发行：湖南大学出版社
社　　址：湖南·长沙·岳麓山　　邮　　编：410082
电　　话：0731-88822559（营销部），88821315（编辑室），88821006（出版部）
传　　真：0731-88822264（总编室）
网　　址：http：//www.hnupress.com
电子邮箱：814967503@qq.com

# 前　言

　　油茶是我国特有的木本油料植物，具有不与农争地、不与人争粮的独特优势和发展潜力。发展以油茶为代表的木本油料产业，能够将生态优势转化为经济优势，推动乡村振兴，促进乡村经济绿色发展长效机制的形成；在国际粮油经贸形势复杂多变的情况下，还能有效缓解油料供需矛盾和进口压力，对增强我国食用油保障能力具有重要的战略意义。

　　2009 年，国家发展和改革委员会、财政部、国家林业局制定了《全国油茶产业发展规划（2009—2020 年）》，这是从国家层面针对单一树种批复的专项规划，充分体现了党中央、国务院对油茶产业的高度重视。2014 年，国务院办公厅印发了《关于加快木本油料产业发展的意见》，部署加快木本油料产业发展。2022 年中央一号文件中明确提出："支持扩大油茶种植面积，改造提升低产林。"这是党的十八大以来，中央一号文件首次点名发展油茶产业，油茶产业迈入一个新的发展阶段。

　　湖南热量资源丰富、严寒期短、雨水充沛、光照资源好，具有得天独厚的油茶生产气候生态条件，油茶种植面积、产量和产值均居全国第一位。在各级党委政府的积极推动下，湖南油茶产业发展取得了显著成效，也形成了一

**湖南油茶高效栽培气象服务手册**

批具有较高知名度和影响力的茶油品牌。但与大宗植物食用油料产业相比，油茶产业还存在一定的短板，有待进一步提升。湖南 70% 左右的丘陵山区适合发展油茶生产，但因省内山地众多，小气候差异大，不同区域油茶面临的气候条件不尽相同，如在油茶开花期，湘西北及雪峰山区容易遭遇低温阴雨寡照天气造成坐果率低；在幼果期，湘西地区容易遭遇低温冻害造成幼果冻伤、落果；在果实膨大高峰期，衡邵盆地、湘南地区容易遭遇高温干旱造成果实"干球"减产；在油脂转化积累期，我省大部分地区容易遭遇持续高温造成茶籽含油率低；等等。这说明气候条件是影响油茶产量和品质的关键性自然因素。在全球气候变化的大背景下，气象灾害、极端天气气候事件发生风险持续增大。充分利用"天时"指导油茶生产趋利避害，这成了保障我省油茶产业高质量发展不可或缺的重要措施。《湖南油茶高效栽培气象服务手册》不仅可供油茶生产经营者使用，还可供油茶管理决策者参考，是指导科学利用气候资源、有效防范气象灾害、助力湖南油茶高质量发展的实用指南。

　　《湖南油茶高效栽培气象服务手册》共分 4 章。第 1 章主要介绍湖南适宜油茶生产的气候区域分布，包括油茶种植气候适宜性、油茶丰产潜力气候分区、不同等级油茶含油率气候分区、气象灾害分区及风险区划等，可为油茶造林或低产林改造规划的编制提供科学依据；第 2 章介绍油茶周年生产历气候，包括各生产环节时间、主要气候特点、有利不利天气、相关气象服务产品等，可为油茶高效栽培提供指导；第 3 章介绍油茶生产主要气象灾害的防御，包括油茶苗期、幼林期、成林期的主要气象灾害、防御措施；第4章介绍油茶生产主要病虫害的防御，包括湖南油茶主要病害、虫害发生的气象条件、有利防治时间及防治措施。

　　因油茶生产经营管理中的气象研究还处于起步阶段，本手册提供的技术或指南肯定存在不够全面、不够准确的问题，恳请广大读者批评指正，并请及时与编者联系，便于我们对本手册进行修订、完善。

　　本手册在编写过程中得到了中南林业科技大学谭晓风教授、周国英教授和湖南省林业科学院陈永忠研究员、湖南省气象局汪扩军研究员的指导、修改和帮助，在此一并表示感谢！

编　者

2022年1月8日

# 目　次

I

湖南油茶高效栽培气象服务手册

# 第1章 湖南适宜油茶生产的 气候区域分布

油茶生产受气候等自然生态环境的影响，因此深入系统地分析各地油茶生产上的气候资源特征和气象灾害特点，确定适宜性区域，有利于在油茶生产中充分利用当地有利的气候生态条件，积极规避不利天气气候风险。

## 1.1 湖南适宜种植油茶的气候特点

湖南省位于欧亚大陆东南部及中国中南部的长江中游地区，地处东经 $108°47'$ ～ $114°15'$、北纬 $24°38'$ ～ $30°08'$，东南边境距海 400 km。湖南气候属大陆性亚热带季风湿润气候。

湖南地处云贵高原向江南丘陵和南岭山地向江汉平原过渡的地带，境内东、南、西三面环山，逐渐向中部及东北部倾斜，形成向东北开口不对称的马蹄形，因而雨、热等气候要素等值线打破了与纬线平行的一般规律，而与地形等高线大致平行。高温中心在洞庭湖平原、衡邵盆地与河谷地带，并向东、西、南三面递减；少雨中心在衡邵盆地、洞庭湖平原及河谷地区，多雨中心位于雪峰山、幕阜山、罗霄山和湘东南山地的迎风面。

湖南的地理位置和特殊的地形地貌造就了湖南适宜种植油茶的气候特点。

一是气候温暖。湖南年平均气温为 17.7 ℃，较中国年平均气温高 4.3 ℃，较华中区域（河南、湖北、湖南）高 1.3 ℃，较长江中

1

游地区（湖北、湖南、江西、安徽）高 0.5 ℃左右。全年有 9 个月平均气温超过 10 ℃，冬季最冷月（1 月）平均气温为 5.7 ℃。

二是热量充足。湖南的热量条件在国内仅次于海南、广东、广西、福建，与江西接近，比其他诸省都好。稳定大于 0 ℃、5 ℃、10 ℃、15 ℃、20 ℃的初日分别在 1 月 5 日、2 月 13 日、3 月 17 日、4 月 10 日、5 月 10 日，终日分别在 12 月 31 日、12 月 20 日、11 月 25 日、10 月 29 日、10 月 1 日，其间平均活动积温分别为 6 438.2 ℃·d、6 125.8 ℃·d、5 589.4 ℃·d、4 866.5 ℃·d、3 767.1 ℃·d。活动积温总体呈南多北少、东多西少、低海拔地区多、高海拔地区少的特点，其中日平均气温稳定大于 10 ℃期间的活动积温湘东南大部分地方在 5 700 ℃·d 以上，湘西大部分地方少于 5 300 ℃·d；稳定大于 15 ℃期间的活动积温东部地区大部分地方在 4 800 ℃·d 以上，湘东南大部分地方超过 5 000 ℃·d，西部地区大部分地方少于 4 800 ℃·d；稳定大于 20 ℃期间的活动积温东部地区一般在 3 700 ℃·d 以上，西部地区在 3 400 ℃·d 以下。

三是雨水丰沛。湖南年平均降水量 1 435.7 mm，位居全国前列。其空间分布具有山区大于丘陵、丘陵大于平原的特点，如桂东县降水量最多（1 764.0 mm），新晃县降水量最少（1 209.1 mm）。各县市降水量大于 1 000 mm 的保证率在 90% 以上，大于 1 200 mm 的保证率为 70%～80%。

四是严寒期短。连续 5 d（或 5 d 以上）日平均气温为 0 ℃或以下作为严寒期的标准，湖南各地大多数年份没有严寒期，只有少数年份有 5～10 d 的严寒期，且多出现在 1 月中下旬，即"三九"期间。有些年份隆冬期间虽有几天或十几天可见冰雪雨凇，但一般年份降雪只有 2 d 左右。

湖南气候也存在以下制约油茶高产稳产的因素。

一是雨水时空分布不均易形成干旱气候。湖南 4—9 月累计降水量接近年降水量的三分之二，为 765（衡阳县）～1 215 mm（桂东县），其中湘中、湘西南大部及湘北的北部 4—9 月降水量为

750～950 mm，湘西北、湘东和湘东南地区在 950 mm 以上；降水量前半年多后半年少的特点明显（即 4—6 月降水量较 7—9 月降水量多 52.5%），7 月中旬—9 月底各地总降水量多为 300 mm 左右，不足雨季降水量的一半，加之南风高温，蒸发量大，故常常发生干旱。

二是夏秋高温易形成高温热害。湖南日最高气温 35 ℃ 或以上高温天气一般始于 5 月，少数年份更早（1988 年于 3 月便出现高温天气），结束于 9 月上旬前期，晚的可到 10 月（1951 年在 10 月 19 日还出现过高温天气），平均高温日数 26 d 左右。以 37 ℃ 以上高温日数为代表的 2 个中心分别位于以衡阳为中心的株洲、郴州、衡阳三市交界区及安化县，其日数均在 10 d 以上，其中衡山县达 16 d 左右；省内有 72 县、市出现过极端最高气温超过 40 ℃ 的纪录，其中零陵区极端最高气温高达 43.7 ℃。

# 1.2　油茶丰产气候潜力区划

湖南气候适宜种植油茶，而油茶高效高质量发展需要适宜油茶丰产稳产的气候区做支撑。将气象要素和天气现象记录加工成不同意义的光、温、水、风、极端天气等气候指标 1 222 项，与近 10 年湖南油茶测产点产量数据关联，挖掘出适宜湖南油茶丰产气候潜力区划的 4 项指标，即开花期日最低气温≤0 ℃ 日数、果实第一次膨大期降水日数、果实膨大高峰期关键时段平均气温日较差、油脂转化和积累高峰期日最高气温≥35 ℃ 日数，通过区划指标与产量的相关性耦合建立油茶丰产气候区划指数：

$$PR = (\sum_{i=1}^{4} R_i \times P_i) / \sum_{i=1}^{4} R_i \qquad (1.1)$$

式中，$i$ = 1、2、3、4，为油茶丰产气候指标序号；$P_i$ 为序号 $i$ 对应的气候指标满足丰产条件的频率；$R_i$ 为油茶丰产气候指标权重系数。

依据 *PR* 值的大小将油茶丰产气候潜力划分为不适宜、较适宜、适宜、最适宜四个等级进行评定，得出 1991—2020 年 500 m×500 m 空间分辨率的油茶丰产气候潜力区划结果（图 1.1）为：油茶丰产最适宜气候区主要分布在雪峰山的东、北、西三侧和湘东南地区，湘西西部边缘地带和湘东北的边缘地带也有少量分布，最适宜区面积占湖南省土地总面积的 44.9%；适宜区域主要位于湘江中下游地区和湘西的大部分地区，其面积占湖南省土地总面积的 38.1%；较适宜区域主要位于常德中东部地区、长沙中部地区、湖南高海拔区的边缘区，其面积占湖南省土地总面积的 13.5%；不适宜区域主要位于湘西和湘南的高海拔地区，面积仅占湖南省土地总面积的 3.5%。省内气候适宜（最适宜区与适宜区）油茶丰产面积占比达 90% 的县（市、区）有 60 个，主要位于衡阳、怀化、邵阳、娄底、岳阳等市，详见附表 1.1。

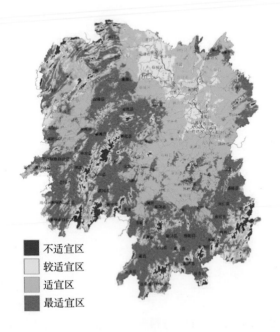

不适宜区
较适宜区
适宜区
最适宜区

图 1.1　湖南省油茶丰产气候潜力区划（1991—2020 年）

1991—2020 年区划结果与前 30 年（1961—1990 年）比（图1.2），气候适宜等级变化最明显的地区有常德中东部地区、长株潭结合区、衡阳北部地区、邵阳东部地区、娄底南部地区、湘西自治州中东部地区等，适宜等级下降一级（变差）；岳阳的君山、云溪区和衡阳的南岳区适宜等级提高一级（变好）；其他地区气候适宜性等级无变化。气候适宜性等级发生变化的区域主要是气温日较差减小、高温日数增多明显的区域。

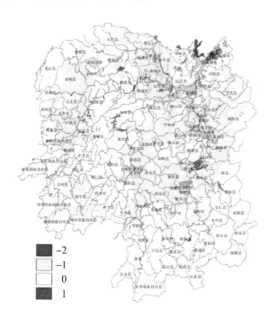

-2
-1
0
1

（绿色代表气候适宜等级上升一级，白色代表无变化，黄色代表下降一级，红色代表下降二级）
**图 1.2 1991—2020 年相比于 1961—1990 年油茶丰产气候潜力区划等级变化图**

# 1.3 油茶含油率气候区划

根据油茶丰产稳产最佳组合因子筛选方法，得到影响油茶鲜果含油率的气象因子为：年极端最高气温、果实膨大高峰期日最高气温≥37 ℃日数、年日最高气温≥37 ℃日数。采用逐步回归分析法建立油茶鲜果含油率气候模型，得到 1991—2020 年 500 m×500 m 空间分辨率的油茶含油率气候区划结果（图 1.3）为：省内大部地区在气候上为较高含油率区，高含油率气候区域主要分布在沿武陵山、罗霄山、南岭山脉的低海拔山区内，中含油率区主要分布在湘中盆地，其他大部地区为较高含油率区，详见附表 1.2。

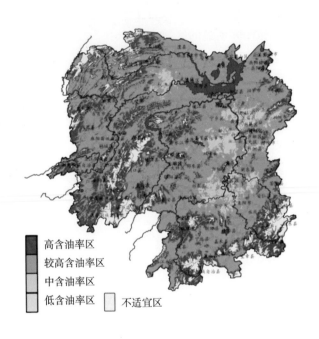

图 1.3　湖南省油茶含油率气候区划（1991—2020 年）

# 1.4　油茶气象灾害综合区划

利用自主研发的农作物气候风险识别方法，识别出影响湖南油茶产量的主要气象灾害分别为：春梢萌动期低温多雨、花期低温阴雨寡照、油茶幼果期低温、油茶果实膨大高峰期干旱、油脂转化积累高峰期高温、果实成熟期阴雨。1991—2020 年春梢萌动期低温多雨高发区和中发区主要位于高海拔地区，其他地区均为低发区。花期低温阴雨寡照高发区主要位于湘西北地区、雪峰山区及湘南南部、湘东北东部的高海拔区域；湘南以微发区为主；其他地区为低发。油茶幼果期低温高发区主要位于湘西北山区、雪峰山区、南岭、幕阜山区域；中发区位于高发区附近，范围小；湘江中上游地区、沅水下游和上游地区为微发区，其他地区为低发。油茶果实膨大高峰期干旱省内基本为微发区。油脂转化积累高峰期高温省内无高发，中发区主要位于衡阳地区，其他地区为微发区。果实成熟期阴雨省内无高发，也无中发区；低发区主要位于湘西北地区、湘中偏北地区、东部边缘地区、郴州及衡阳地区；其他地区为微发区。

　　分别用微发、低发、中发、高发四个等级代表油茶气象灾害的综合易发程度，对应的发生概率分别为 $<10\%$、$10\%\sim30\%$、$30\%\sim50\%$、$\geqslant50\%$。1991—2020 年区划结果（图 1.4）为：省内

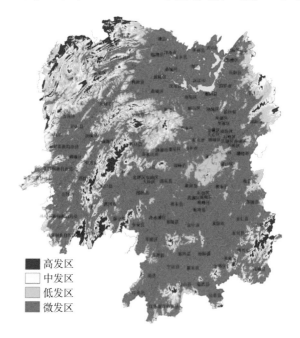

高发区
中发区
低发区
微发区

**图 1.4　湖南省油茶气象灾害综合区划（1991—2020 年）**

71.7%的地区属油茶气象灾害微发区，高发区、中发区、低发区主要位于湘西北地区及雪峰山、南岭、幕阜山的高海拔地区，详见附表1.3。

定义油茶气象灾害综合风险区划指数：

$$D = (\sum_{i=1}^{6} H_i \times P_i) / \sum_{i=1}^{6} H_i \qquad (1.2)$$

式中，$i=1$、2、3、4、5、6，为灾种序号；$P_i$ 为前面提到的 6 种气象灾害未来 30 年的发生概率；$H_i$ 为灾害 $i$ 发生时可能导致的油茶减产量。

依据 $D$ 值大小按风险程度高低划分为微风险、低风险、中风险、高风险四个等级。未来 30 年（2021—2050 年）湖南油茶气象灾害综合风险区划结果（图 1.5）为：高风险区主要位于湖南西北

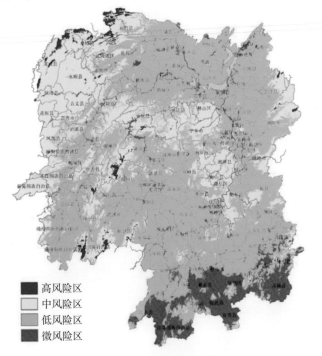

图 1.5 湖南省油茶气象灾害综合风险区划（2021—2050 年）

部和东部边缘、雪峰山区的高海拔地区，占全省总面积的 1.2%；中风险区位于湘西北地区、湖南西部和东部边缘地区、湘中偏北一带、衡阳东部等地，占全省总面积的 31.0%；微风险区位于郴州和永州的南部地区，占全省总面积的 8.4%；其他地区为低风险区，占全省总面积的 59.4%，详见附表 1.4。

# 第2章　油茶周年生产历气候

油茶各生育阶段均与天气气候密不可分，把握主要阶段的气象影响，防范主要气象灾害，对油茶优质丰产栽培至关重要。

## 2.1　1月初—2月上旬末

该时段省内平均气温为 4.8（临湘市）～7.9 ℃（道县），是年内气温的最低时段。极端最高气温为 23.9（龙山县）～30.8 ℃（常宁市），极端最低气温为 −18.1（临湘市）～−4.9 ℃（道县），日最低气温≤0 ℃的天数为 3（道县）～14 d（临湘市）；降水量为 41.0（龙山县）～116.9 mm（资兴市），降水日数为 13（石门县）～22 d（资兴市）；日照时数为 51.7（新晃县）～119.5 h（安乡县）。该时段油茶树处于休眠期，最适宜进行油茶造林、补植和树体培育。

造林和补植：造林前 1 个月要施足基肥，新造林苗木选用 2 年生及以上容器苗，2 年生容器苗（苗高 30 cm、地径 3.0 mm 以上，根球完整）；苗木栽植时宜用手将回填松土向土球周边压实不散。对幼林进行补植，采用相同品系苗大苗补植，尽量采用 3 年生容器大苗。

树体培育：适宜对成林（7 年及以上油茶林）、中幼林（2～6 年油茶林）的植树开展修枝整形等树体培育工作。

开展上述生产活动适宜的天气条件为连续 3～7 d 无雨（或日降水量≤1 mm），需防御的不利天气和气象灾害是冰冻、寒潮、暴雪、大风、13 d 或以上连阴雨。由此需关注以下气象服务产品：旬尺度（10 d 左右，下同）、月尺度（30 d 左右，下同）的有利、不利天气预报产品；气象灾害预警预报产品；油茶生产活动气象条件影响评估产品。气象部门采用定期（旬预报、月预报、气候影响评价等常规产品）、不定期（气象灾害预警预报产品）方式发布（下同）。

## 2.2　2 月初—3 月底

该时段省内平均气温为 9.1（凤凰县）～11.9 ℃（道县），极端最高气温为 29.2（汝城县）～36.9 ℃（常宁市），极端最低气温为 −14.7（湘阴县）～−4.1 ℃（麻阳县），日最低气温≤0 ℃天数为 1（道县）～7 d（桂东县）；降水量为 103.5（龙山县）～286.1 mm（攸县），降水日数为 24（慈利县、石门县）～36 d（资兴市）；日照时数为 102.1（保靖县）～196.7 h（安乡县）。该时段气温逐步回升，降水日数开始增多，油茶叶芽萌动，需开展补植、整园修路工作。这时气象灾害的影响增大，病虫害也易发生发展。所以该时段的主要生产活动为造林和幼林补植（3 月底前全面完成造林和幼林补植工作，造林后每半个月检查一次，及时补植、培蔸覆土）及病虫害防治（主要防治油茶茶苞病和油茶叶蜂）。

开展上述生产活动适宜的天气条件为连续 3～7 d 无雨（或日降水量≤1 mm），需防御的不利天气和气象灾害是暴雪、霜冻、冰冻、寒潮、低温阴雨，重点防御低温多雨危害和幼果期低温冻害。由此需关注以下气象服务产品：旬尺度、月尺度的有利、不利天气预报产品；气象灾害预警预报产品；病虫害发生发展气象条件预报；油茶生产活动气象条件影响评估产品。

## 2.3 3月初—5月上旬末

该时段省内平均气温为 14.6（古丈县）～17.3 ℃（道县），极端最高气温为 32.3（桂东县）～37.9 ℃（祁阳县），极端最低气温为 −5.2（桂东县）～0.1 ℃（祁阳县、道县）；降水量为 238.6（龙山县）～477.6 mm（道县），降水日数为 32（石门县）～45 d（桂东县）；日照时数为 162.1（江永县）～300.4 h（安乡县）。该时段气温继续上升，降水强度增大，雨日多，有日照天数占比减小。在上述气候背景下，油茶春梢生长，果实膨大发育，需开展施春肥、防病虫害、培蔸和间作工作。

春季追肥：造林当年 4—5 月，结合抚育施氮为主的复合肥 0.1 kg/株；第二年起，春季 3—4 月结合抚育施复合肥料或有机无机复混肥料 0.1～1.0 kg/株，随着树龄的增长，施肥量可逐年适当增加，同时适当增大磷钾肥比例；造林后 1～3 年，距离树干基部 30 cm 以外进行沟施；之后在树冠投影线外沿进行施肥，沟长 0.5～1.0 m、宽 20～30 cm、深 15～30 cm，施肥量随着树龄增长而增加；肥料与底土拌匀后及时覆土。每年应更换施肥沟位置，可按东西、南北等不同方向进行交替更换。坡度 10°以上且未整梯油茶林地宜在植株坡上方挖施肥沟。

病虫害防治（4 月中旬—5 月上旬）：重点防治软腐病、炭疽病、烟煤病、根腐病、白朽病和油茶织蛾、茶角胸叶甲、油茶尺蠖等。

开展上述生产活动适宜的天气条件为连续 3～7 d 无雨（包括日降水量小于 1 mm）。需防御的不利天气和气象灾害是暴雨洪涝、干旱、冰雹、大风、霜冻、13 d 或以上的连阴雨天气及连续 20 d 或以上的无有效降水（日降水量在 1 mm 以下，下同）天气。由此需关注以下气象服务产品：旬尺度、月尺度的有利、不利天气预报产品；气象灾害预警预报产品；病虫害发生发展气象条件预报；油茶生产活动气象条件影响评估产品。

## 2.4 5月中旬初—6月下旬初

该时段省内平均气温为 21.8（桂东县）～25.4 ℃（祁阳县），极端最高气温为 34.2（桂东县）～40.0 ℃（石门县、零陵区），极端最低气温为 6.9（桂东县）～12.0 ℃（道县）；降水量为 238.4（南县）～384.1 mm（江永县），降水日数为 19（岳阳市）～28 d（桂东县）；日照时数为 131.5（保靖县）～218.2 h（安乡县）。该时段已进入初夏季节，平均气温继续升高（仅次于夏季），降水强度大且集中。该时段油茶果实进入快速膨大阶段，需进行除草培蔸、补果肥、病虫害防治和间作工作。

除草培蔸：在新造林（1年林）树蔸周围 60 cm 范围内覆盖稻草、杂草等覆盖物，厚度 6 cm，并进行第一次除草；中幼林及成林进行除草培蔸，并将锄下的草覆盖在树蔸周围，提倡使用割灌机、垦覆机等机械除草松土。

病虫害防治：重点防治炭疽病、软腐病、烟煤病、白朽病和油茶象甲、茶角胸叶甲、油茶毒蛾等。

间作：间作花生等矮秆作物或中草药，距离树蔸 60 cm 以上。

开展上述生产活动适宜的天气条件为连续 3～7 d 无雨（包括日降水量小于 1 mm）。需防御的不利天气和气象灾害是暴雨洪涝、高温、冰雹、大风、13 d 或以上的连阴雨天气及连续 20 d 或以上的无有效降水天气。由此需关注以下气象服务产品：旬尺度、月尺度的有利、不利天气预报产品；气象灾害预警预报产品；病虫害发生发展气象条件预报；油茶生产活动气象条件影响评估产品。

## 2.5 6月下旬中—8月底

该时段省内平均气温为 24.0（桂东县）～29.5 ℃（衡阳市、祁阳县），极端最高气温为 36.7（桂东县）～43.7 ℃（零陵区），极端最低气温为 12.2（桂东县）～19.0 ℃（祁阳县），日最高气温≥35 ℃天数为 1（桂东县、汝城县）～34 d（安仁县、衡东县、衡山县）；降水量为 243.2（衡阳县）～464.6 mm（桂东县），降水日数为 22（南县）～39 d（桂东县）；日照时数为 331.6（桑植县）～493.7 h（茶陵县）。该时段为盛夏季节，也是高温多发季节，气温为全年最高时段；6 月下旬—7 月上旬降水相对集中，易发生暴雨洪涝灾害；7 月中旬—8 月以晴热高温天气为主，易发生夏秋连旱灾害。该时段内油茶果实进入膨大高峰期，需开展病虫害防治、间作管理和松土抗旱工作，同时对幼林树体进行培育。

病虫害防治：重点防治油茶织蛾、油茶象甲等害虫，5 年及以上油茶林防治炭疽病。

间作管理：对 1～4 年油茶林间作植物进行管理，确保不影响油茶生长，采收后及时埋青或覆盖树苑。

开展上述生产活动适宜的天气条件为连续 3～5 d 的连晴天气，需防御的不利天气和气象灾害是暴雨洪涝、干旱、持续性高温。由此需关注以下气象服务产品：旬尺度、月尺度、次季节尺度（30～60 d，下同）的有利、不利天气预报产品；气象灾害预警预报产品；病虫害发生发展气象条件预报；油茶生产活动气象条件影响评估产品。

## 2.6　9 月初—10 月上旬末

该时段省内平均气温为 20.5（桂东县）～24.6 ℃（祁阳县），极端最高气温为 34.4（桂东县）～40.8 ℃（常宁市），极端最低气温为 4.3（桂东县）～11.0 ℃（祁东县），日最高气温≥35 ℃天数为 0（汝城县、桂东县）～5 d 衡南县、安仁县、祁阳县、衡东县）；降水量为 70.2（衡南县）～156.4 mm（桂东县），降水日数为 10（江华县）～17 d（桂东县）；日照时数为 136.7（保靖县）～235.8 h（江华县）。该时段气温开始回落，但高温仍有发生，降水

日少，仍处少雨季节；油茶已进入油脂转化积累高峰期并向成熟期
过渡，同时又到了一年一度的造林前准备阶段。因此，该时段内的
主要油茶生产活动有：抚育除草（2～6 年油茶林抚育除草，将锄下
草覆盖在树蔸周围）、2 年油茶林摘除花芽、病虫害防治（重点防治
油茶毒蛾）、次年造林前准备（9 月开始规划次年林地，选地要求为
坡度<25°、土层>60 cm、pH 为 4.0～6.5，环境条件为气候条件
利于油茶丰产稳产、生态环境条件良好、远离污染源、交通便利、
排水良好；10 月开始整地，整地方式采用全垦、成梯、撩壕、鱼鳞
坑等，整地的同时挖 70 cm×70 cm×70 cm 穴，施有机肥 5 kg/穴，
造林密度以 3 m×4 m、3.5 m×4 m 为宜）和抗旱。

　　开展上述生产活动适宜的天气条件为连续 3～7 d 的晴天，需防
御的不利天气和气象灾害是高温干旱。由此需关注以下气象服务产
品：旬尺度、月尺度、次季节尺度的有利、不利天气预报产品；油
茶籽成熟期预报产品；油茶丰产稳产气候适宜性区划、油茶种植气
候适宜性区划、油茶气象灾害风险区划产品；气象灾害预警预报产
品；病虫害发生发展气象条件预报；油茶生产活动气象条件影响评
估产品。

# 2.7　10 月中旬初—10 月底

　　该时段省内平均气温为 16.3（桂东县）～19.8 ℃（道县），极
端最高气温为 31.4（桂东县）～38.9 ℃（零陵区），极端最低气温
为－1.5（桂东县）～5.5 ℃（沅江市）；降水量为 35.6（桂东
县）～76.3 mm（保靖县），降水日数为 5（临武县、江华县、宜章
县、汝城县）～11 d（保靖县）；日照时数为 47.4（保靖县）～
113.0 h（汝城县）。该时段气温适宜，雨日少，油茶果处于成熟期，
适宜采收油茶果；油茶进入初花阶段。主要生产活动为油茶籽采收
（10 月 8 日之后成林寒露籽品种采收、10 月 23 日之后成林霜降籽品
种采收）和次年造林前的整地准备（继续开展造林前的整地）。

开展上述生产活动适宜的天气条件为连续 3～7 d 的晴天,需防御的不利天气和气象灾害是 13 d 或以上的连阴雨。由此需关注以下气象服务产品:旬尺度、月尺度、次季节尺度的有利、不利天气预报产品;油茶籽成熟期预报产品;油茶生产活动气象条件影响评估产品。

## 2.8  11 月初—12 月底

该时段省内平均气温为 9.3(临湘市)～12.4 ℃(江华县),极端最高气温为 28.4(龙山县)～34.7 ℃(嘉禾县),极端最低气温为 −12.1(湘潭市)～−3.7 ℃(麻阳县),日最低气温≤0 ℃日数为 1(祁阳县)～10 d(桂东县);降水量为 79.2(龙山县)～158.4 mm(资兴市),降水日数为 18(临武县、宜章县、慈利县)～26 d(资兴市);日照时数为 114.1(保靖县)～267.7 h(汝城县)。该时段为深秋向初冬转换期,平均气温为年内次低阶段,晴天多于雨天;油茶正处盛花期,气候总体对油茶开花授粉有利,但也会出现影响油茶开花授粉的持续性低温阴雨天气。生产活动主要有油茶保花保果,施肥,树体培育,垦覆(成林结合施肥深挖垦覆,每两年 1 次),次年造林前的整地准备,病虫害防治(重点预防炭疽病)。

油茶保花保果:无人机喷施保果素,引蜂授粉。

冬季施肥:施有机肥料 1～5 kg/株或农家肥料 2～10 kg/株。随着树龄增长,施肥量可逐年适当增加;造林后 1～3 年,距离树干基部 30 cm 以外进行沟施;之后在树冠投影线外沿进行施肥,沟长 0.5～1.0 m、宽 20～30 cm、深 15～30 cm,施肥量随着树龄增长而增加;肥料与底土拌匀后及时覆土。每年应更换施肥沟位置,可按东西、南北等不同方向进行交替更换。

树体培育:(1)幼林整形。造林后 1～2 年内,顶芽萌发的春梢全部保留,使其迅速形成主干,主干高 80 cm 时(一般造林后第

2～3 年，有 3 个以上的侧枝），进行首次整形（保留的第一主枝距离地面 20 cm，留 3～5 个主枝，方向均匀，枝着生点间距 5～10 cm，在距离地面 60 cm 左右截干处）。翌年在主枝上距离主干 20 cm 左右选留一些强枝培养副主枝，每隔 10 cm 左右选留第二、三副主枝，方向相互错开，然后将副主枝顶端截去。通过 3～5 年的培育，开心形、自然圆头形等丰产树形即可形成。（2）成林修剪。清除距离地面 30 cm 以下的脚枝，根据不同树体形状修剪成相应的丰产树形。①自然圆头形。全树保留 4～6 个主枝，错落排列在中心主干上；主枝之间的距离为 50～60 cm，主枝与中心主干的夹角为 50°～60°；骨干枝不交叉，不重叠；适当疏除密集枝条，剪除干枯枝、病虫枝、衰老枝；解除直立主干或枝条的顶端优势，回收或疏删徒长枝。②自然开心形。全树保留 3～5 个轮生主枝，主枝的基角约为 40°～50°；每个主枝上保留 2～4 个侧枝，侧枝在主枝上要按一定的方向和次序分布，不相互重叠；适当疏除密集枝条，剪除干枯枝、病虫枝、衰老枝；控制直立主干或枝条的顶端优势，回收或疏删徒长枝，逐渐成为树体较矮、树冠开张幅度较大的自然开心形的树形。③分层形。在中心主干高度 40～60 cm 处选留第一层主枝，数量为 3～5 个；在距离第一层主枝 60～80 cm 处，选留第二层主枝，数量为 2 个，错位布局，形成螺旋状；上层枝组适当短截、疏删，以改善内部、下部光照条件。

开展上述生产活动适宜的天气条件为连续 3～7 d 的无雨天气（适宜抚育培管），60% 以上的晴天或无雨天（适宜油茶开花授粉）。需防御的不利天气和气象灾害是低温阴雨寡照。由此需关注以下气象服务产品：旬尺度、月尺度的有利、不利天气预报产品；油茶生产活动气象条件影响评估产品。

17

# 第3章 油茶生产主要气象灾害防御指南

同所有露天作物一样，气象灾害直接影响到油茶的生存、生长、产量和质量。本手册通过对湖南油茶生产过程中的气象条件进行分析，找出油茶不同生长期的主要气象灾害和极端天气气候事件，并提出针对性的应对措施，以求达到油茶种植优质高效的目的。

## 3.1 苗期主要气象灾害

### 3.1.1 暴雨洪涝

当连续 10 d 累积降水量达 200 mm 以上时，油茶苗圃易发生淹涝灾害。建议采取以下措施应对。

一是排水设施建设。排水包括大、中、小型排水沟。大型排水沟设在油茶苗圃地的最低处，直接连通周边的自然水源（如水库、池塘等），沟宽 1.0～1.2 m、深 0.8～1.0 m 为宜。中型排水沟沿主道、副道设计，沟宽 30～50 cm、深 30～60 cm。小型排水沟应与支道和作业步道相结合，沟宽 20～30 cm、深 20～30 cm。各级排水沟的走向最好相互垂直，但在两沟相交处应成锐角（45°～60°），以利排水流畅，防止相交处沟道淤塞。

二是清沟除淤。注意接收气象部门发布的暴雨警报或油茶暴雨洪涝灾害预报，抢在暴雨发生前清沟除淤，以利排水流畅。

## 3.1.2　高温

当高温（日最高气温达 35 ℃或以上，下同）日数持续 10 d 或以上时，苗木易出现萎蔫、灼伤、枯死情况。建议采取以下措施防范。

一是灌溉。喷灌：有条件的地方安装喷灌系统，早晚进行喷灌；漫灌：清晨将水灌入垄沟中，沟中水的高度不宜漫灌过垄，并及时排水。无灌溉系统则浇水，每隔 1～2 d 浇水，每次要浇透；浇灌时间宜在清晨或傍晚，不宜在土温较高的中午或下午进行。

二是遮阳。搭架 70％～85％遮光率的遮阳网，架棚高度 1.5 m 左右，在原有荫棚基础上增加一层遮阳网，增加遮阴度，减少光照，避免苗木被高温灼伤。

三是增雨降温。高温期抢抓有利的天气条件实施人工增雨作业，降低高温影响。

四是除草。及时清除苗圃地中的杂草、杂苗、萌芽苗，减少水分消耗，保持土壤水分。

## 3.1.3　暴雪

当日降雪量达到 10 mm 或以上时，苗棚上具有大量积雪而造成大棚塌陷。建议厚雪时及时清理以防重压。

# 3.2　幼林期主要气象灾害

## 3.2.1　暴雨洪涝

当连续 10 d 累积降水量达 200 mm 以上时，油茶幼林易发生淹涝灾害。建议采取以下措施应对。

一是排水设施建设。在每垄山地均开一条排水沟供排涝用；在小区域林地两侧，从上到下开设纵向林道、纵向排水沟，水平方向开设水平林道和横向排水沟，以保证及时排水。

二是清沟除淤。注意接收气象部门发布的暴雨警报或油茶暴雨洪涝灾害预报，抢在暴雨发生前清沟除淤，以利排水流畅。

### 3.2.2　高温

当高温日数持续 10 d 或以上时，苗木易出现萎蔫、灼伤甚至枯死等现象。建议采取以下措施防范。

一是幼林间种。在油茶幼林期间，可利用林地间隙种植绿肥、药材、花生或其他豆科类作物，以中耕施肥代替抚育，既能有效抑制杂草灌木生长，又能提高土壤蓄水保肥能力，还可以改善林间小气候，降低地表温度，提高林间湿度，一定程度上缓解高温天气带来的不利影响，从而促进幼林根系生长和树体发育。

二是培蔸覆盖。油茶幼林在夏季容易被高温灼伤，及时培蔸覆盖有利于缓解高温灼伤。在每年 5 月份采用锄抚等方式铲除苗蔸周边 60 cm 的杂草，但靠近油茶树体的杂草宜用手拔除，防止油茶根系松动或损伤，并将草皮土覆盖在幼树周围，苗基外露时还应从圈外铲些细土培于基部成馒头状。

三是增雨降温。高温期抢抓有利的天气条件实施人工增雨作业，降低高温影响。

### 3.2.3　干旱

当连续 20 d 无有效降水时，幼林会因缺水而萎蔫，甚至枯死。建议采取以下措施防范。

一是浇水抗旱。有水渠或其他灌溉条件的基地应及时浇水抗旱。宜将每株幼树基部浇透，浇好后能适当覆盖则更理想；浇水宜在早上或傍晚，不宜在土温较高的中午或下午进行。

二是人工增雨。旱期抢抓有利的天气条件实施人工增雨作业。

三是覆盖保湿。在干旱天气到来之前，采用稻草、腐殖质、枯枝落叶等对苗蔸基部进行地表覆盖，可保水保墒。覆盖面积在

60 cm×60 cm 以上,覆盖厚度在 2 cm 以上。同时在覆盖物上盖土,或采用生态覆盖垫、薄膜等覆盖保水。

四是中耕除草。油茶幼林空隙大,杂草容易滋生,与幼林争水、争肥、争阳光,因此应及时松土除草,使幼林根系发展,增强幼林对干旱的抵抗力。一般每年抚育 2 次,第 1 次在 5—6 月进行,此阶段气温高、湿度大,杂草容易腐烂,能达到蓄水增肥的目的;第 2 次在 8 月下旬—9 月进行。松土除草时应注意不要伤到根、皮、枝叶,且应做到"根边浅,根外深,当年头次浅,以后逐年加深"的原则,这样可以保障幼龄油茶根系向深层和四周发展。

五是修剪枝叶。对萎蔫的幼树树枝可适当进行枝叶修剪,减少水分蒸发。

### 3.2.4　暴雪与冰冻

当日降雪量达 10 mm 以上或连续出现 7 d 以上冰冻时,苗木易发生主侧枝折断、树体倒伏、地下冻拔、枝叶伤害等现象。建议采取以下措施应对。

一是适地植树。尽量避免在高山区、风口和迎风面造林,避免在北部边缘栽培区及以北地区发展油茶。

二是及时救治受害植株。

三是选用早中花避寒品种补植或造林。

四是加强造林后的管理。造林头一年只施基肥,第 2~3 年幼龄林每年施肥 2 次。

## 3.3　成林期主要气象灾害

### 3.3.1　春梢萌动期低温多雨灾害

2 月 19 日—3 月 12 日日平均气温≥5.0 ℃的活动积温在 96.0 ℃·d 或以下,以及大雨(日降水量达 25 mm 或以上)日数在

3 d 或以上的天气事件，会造成春梢有效芽数降低，影响花芽分化。建议采取以下措施降低其影响。

一是对林地及时进行清沟排水。

二是在气温回升、天气转好后及时追施复合肥：幼树建议每株施复合肥 0.1～0.2 kg，以氮肥为主，适当补充磷钾肥；挂果树建议根据生长与挂果、立地条件等情况每株施复合肥 0.3～0.5 kg，要求氮磷钾合理配比，并补充锌、硼等微量元素，以利新梢和幼果生长。

### 3.3.2　春梢生长期异常阴雨寡照

3 月中旬—5 月中旬出现连续降水日数在 13 d 或以上，其间平均每天日照时数在 1 h 或以下的极端天气事件，易导致病虫害的发生发展，进而影响到春梢生长质量。建议采取以下措施降低其影响。

一是林地及时清沟排水。

二是加强根腐病、软腐病等病害和油茶叶蜂等害虫的监测防控。

### 3.3.3　花芽分化前期异常阴雨寡照

4 月底—5 月中旬出现连续降水日数在 13 d 或以上，其间平均每天日照时数在 1 h 或以下的极端天气事件，易导致病虫害的发生发展，建议加强根腐病、软腐病等病害和油茶叶蜂等害虫的监测防控。

### 3.3.4　花芽分化与生长发育期异常高温

5 月下旬—9 月下旬初出现高温日数连续 15 d 或以上的天气事件，会影响花芽的正常分化与生长发育。可采取以下措施降低其影响。

一是灌溉。在有条件的地方布设滴灌或喷灌设施，于高温天气时段的早晚进行灌溉，不宜在土温较高的中午或下午进行灌溉。

二是培蔸覆盖。5 月下旬—6 月下旬采用锄抚等方式铲除树冠范围内的杂草，但靠近油茶树体的杂草宜用手拔除，防止油茶根系松动或损伤，并将草皮土覆盖在树蔸周围，基部外露时还应从圈外铲些细土培于基部成馒头状。提倡采用稻草、腐殖质、枯枝落叶等对树蔸基部进行地表覆盖，可保水保墒。覆盖面积在 60 cm×60 cm 以上，覆盖厚度在 2 cm 以上，并在覆盖物上盖土。

三是避免高温时段动土抚育管理。一般 7—9 月不宜采取动土的抚育方式。

## 3.3.5 花芽成熟期异常高温

9 月中旬后期—10 月下旬初出现平均最高气温达 28 ℃或以上的极端气候事件，会造成花芽成熟进度偏慢。可采取以下措施降低其影响。

一是有条件的地方在高温天气时段进行早晚灌溉。

二是去除杂草，保持林间通风良好。

## 3.3.6 开花期低温阴雨寡照灾害

10 月 28 日—12 月 20 日出现雨日达 22 d 或以上、日平均气温 ≥10.0 ℃的活动积温在 320.0 ℃·d 或以下、累积日照时数在 55.0 h 或以下的天气事件，会造成油茶大量落花、落果。可采取以下措施降低其影响。

一是无人机喷施保花保果剂和引蜂授粉。

二是 10 月采果后及时加强修剪，培育开心形、自然圆头形、分层形等良好树体结构。

三是垦覆施肥（有机肥或充分腐熟农家肥）。

## 3.3.7 幼果期低温灾害

2 月底—3 月底出现极端最低气温在 −0.6 ℃或以下的低温天气事件，会导致果实受冻而产生异常落果。可采取以下措施降低其影响。

一是在低温来袭之前对油茶树蔸进行薄膜或稻草覆盖保温。

二是在立冬后及时施有机肥，保护根系，改良土壤。

### 3.3.8 果实膨大高峰期干旱灾害

6月5日—8月8日有效降水日数（日降水量在1.0 mm或以上）不足10 d，易造成果实体积不能正常膨大从而出现"干果"的现象。可采取以下措施减轻其影响。

一是7月前完成培蔸覆盖保墒。

二是旱期抢抓有利的天气条件实施人工增雨作业。

三是有条件的地方采取滴灌等节水灌溉措施。

### 3.3.9 油脂转化和积累高峰期高温灾害

8月7日—10月23日出现高温日数达19 d或以上的天气事件，会导致油茶含油率下降而发生"干油"现象。可采取以下措施应对。

一是灌溉。在有条件的地方布设滴灌或喷灌设施，于高温天气时段的早晚进行灌溉，不宜在土温较高的中午或下午进行灌溉。

二是增雨降温。高温期抢抓有利的天气条件实施人工增雨作业，降低高温影响。

三是培蔸覆盖。在干旱到来之前，采用稻草、腐殖质、枯枝落叶等对苗蔸基部进行地表覆盖，可保水保墒。覆盖面积在60 cm×60 cm以上，覆盖厚度在2 cm以上。同时在覆盖物上盖土，或采用生态覆盖垫、薄膜等覆盖保水。

四是避免高温时段动土抚育管理。

### 3.3.10 果实成熟期阴雨灾害

10月8日—11月10日期间出现雨日达25 d或以上的天气事件，若成熟的油茶果实不能被及时采摘，易出现霉变、油脂酸败等情况。可采取的应对措施：优先采摘早熟品种，且在采摘后及时做好茶果剥壳、茶籽烘干等处理。

## 3.3.11　暴雪与冰冻

当日降雪量达 10 mm 或以上，或冰冻天气连续 7 d 或以上时，油茶树易发生主侧枝折断、枝叶伤害等现象。建议采取以下措施应对。

一是及时救治受害植株，剪除受冻部分的枝叶，进行林地清理。

二是进行林分施肥，受冻林分应在 4 月上旬油茶开始新发枝前及时追肥，以恢复树势。

三是建立合理林分结构。

# 第4章 油茶生产主要病虫害防御指南

油茶病虫害的发生、发展、蔓延成灾是在一定条件下，由寄主、病原菌、环境三者互相作用的结果。一般情况下，当寄主与病原菌同时存在，且相应比例没有很大变化时，环境条件中气象条件的变化常成为病害发生、流行与否的主导因素。气象条件也是决定害虫的生长发育、繁殖和行为活动以及发生期、发生量、危害程度的主导因素之一。

## 4.1 油茶主要病害

### 4.1.1 油茶炭疽病

**发生历期**：一般每年4月初开始发病，先是危害嫩叶、嫩梢；5月中旬—6月病菌侵染果实，8—9月落果最多；10月间危害花蕾，使病蕾脱落。

**发生气象条件**：病原菌的分生孢子在7 ℃和38 ℃时只有个别能萌发，24~30 ℃是分生孢子发芽和菌丝生长最适宜的温度。当旬平均气温达到20 ℃、相对湿度达86％时，开始发病；当气温在27~29 ℃、相对湿度达90％时，出现发病高峰。夏秋间降水次数和持续时间与病害扩展蔓延及严重程度密切相关，雨日长、雨量大的年份病害严重，反之则轻。

**最佳防治时间**：11月，4—5月。

**主要防治方法**：结合油茶冬季和夏季修剪，剪除树上各发病部位，特别注意剪除发病的新梢，摘除早期的病果和病叶；清除油茶林中的历史病株，补植抗病良种；适当增种绿肥，发病期不宜多施氮肥，应增施磷、钾肥，以提高植株抗病力。

## 4.1.2　油茶软腐病

**发生历期：**早春日平均气温回升到 10 ℃左右，并出现连续降水时，叶片即可发病。4—6 月、10—11 月日平均气温在 15～25 ℃，是病害年发生的两个高峰。如果此期间少雨干旱，发病较轻；如果7—9 月低温多雨，病害可继续蔓延。果实在 6 月开始发病，7—8 月最严重。

**发生气象条件：**当气温在 15～25 ℃，相对湿度 95％～100％时，发病率最高；当气温低于 10 ℃或高于 35 ℃、相对湿度小于70％时，发病轻或不发病。油茶林内湿度大，苗圃地排水不良，有利于软腐病流行。

**最佳防治时间：**春梢展叶期，5 月中旬—6 月中旬。

**主要防治方法：**适当整枝修剪，在冬季或早春清除感病树上的越冬病叶、病果、病梢等，以消灭越冬病原菌，减少侵染源；适时喷洒 50％多菌灵可湿性粉剂 300～500 倍液、75％甲基托布津可湿性粉剂 300～500 倍液、1％波尔多液。

## 4.1.3　油茶茶苞病

**发生历期：**翌年早春首先发病，产生大量茶桃（病果）、茶苞和茶片（病叶）。

**发生气象条件：**气温 12～18 ℃最适宜该病害的发生，超过20 ℃时病菌则进入越夏状态。

**最佳防治时间：**2—3 月。

**主要防治方法：**适当整枝修剪，保持林内通风透光；摘除表皮尚未破裂（担孢子尚未飞散）的茶桃、茶苞、茶片等，并将其烧毁或深埋，减少病害。必要时在患病组织表皮未破裂的病害高峰期，

27

施用 1‰波尔多液或 0.5 波美度石硫合剂。

### 4.1.4　油茶烟煤病

**发生历期**：全年有两个发病高峰季节，即 3 月下旬—6 月上旬和 9 月下旬—11 月下旬。

**发生气象条件**：油茶烟煤病病原菌喜低温高湿的环境条件，气温 10～20 ℃最适宜该病原菌的生长，在这个范围内，湿度越大，病原菌繁殖越快。油茶烟煤病经常流行于海拔 300～600 m 的林分中。湿度大、光照差、长期荒芜的油茶林有利于病害的发生和蔓延，且阴坡、山坞、密林比阳坡、山脊、疏林发病严重。暴雨对烟煤病病原菌有冲洗作用，能减轻病害。

**最佳防治时间**：3—5 月。

**主要防治方法**：对郁闭度过大的林分适度修枝使通风透光；在4—5 月人工剪除受害严重的枝叶并将其集中烧毁，减少虫源和病原菌；应先治虫，后治病，着力防治蚧壳虫、粉虱等诱病害虫。

### 4.1.5　油茶根腐病

**发生历期**：3 月下旬—4 月上旬发病，5 月进入发病高峰期。

**发生气象条件**：气温高、土壤湿度大、苗床低温高湿、光照不足等有利于病菌传播蔓延。土质黏着、土壤板结、排水不良、苗木生长衰弱的苗圃容易发病。

**最佳防治时间**：4—5 月。

**主要防治方法**：及时清除病株，将病株集中统一焚烧，最大限度地控制和消灭病原菌。发病初期，可用 1‰硫酸铜液体浇灌苗根，同时用多菌灵对土壤进行全面消毒，防止病害扩散。

### 4.1.6　油茶半边疯病

**发生历期**：7—9 月。

**发生气象条件**：病原菌生长的适宜温度为 25～30 ℃，因此，病斑在 7—8 月扩展最快；当气温低于 13 ℃时，病斑停止扩展。

　　**最佳防治时间**：5 月。

　　**主要防治方法**：加强抚育管理，促进油茶健壮生长，增强抗病力；结合垦覆适度修剪，清除病枝，整枝修剪在休眠期进行，以利愈合，防止病原菌感染；林内生产活动注意保护油茶树，减少机械损伤，防止病原菌入侵；对轻病枝干及时刮治，涂波尔多液保护。

### 4.1.7　油茶藻斑病

　　**发生历期**：4 月开始危害油茶，5—6 月在高温高湿的有利条件下是传播侵染的盛期。

　　**发生气象条件**：高温高湿。

　　**最佳防治时间**：4—6 月或采果季节结束后。

　　**主要防治方法**：加强油茶林清理，及时疏除徒长枝和病枝，适当修剪，促使通风透光，降低油茶林内湿度；多施磷钾肥，可以增强树势，提高抗病力；对发病严重的油茶林，在 4—6 月或采果季节结束后，用 1%波尔多液杀菌剂喷雾防治，可减少次年病害的发生。

## 4.2　油茶主要虫害

### 4.2.1　油茶象甲

　　**发生历期**：成虫越冬后 4、5 月间开始出土，6 月中、下旬盛发，5—8 月产卵于果内。

　　**发生气象条件**：虫害两年一代，有大发生年和小发生年之分。寒冬利于第二年虫害的发生。虫害的发生趋势一般为阴坡多于阳坡，密林多于疏林，成熟林多于幼林，大面积连片油茶林多于小面积分散林。象甲垂直分布自山顶至山脚有逐渐减少的趋势，凡是荫蔽潮湿的地方都比较多。

　　**最佳防治时间**：6 月。

**主要防治方法**：用8％绿色威雷200～300倍液喷施；及时清理落果，以消灭其中的幼虫，可利用白僵菌对成虫进行治理。

### 4.2.2　油茶织蛾

**发生历期**：6—11月，翌年3—5月。

**发生气象条件**：一年一代。翌年3月上、中旬，当日平均气温达到5℃时，开始取食。雨天或有风天气成虫活动减少，但蒙蒙细雨或微风对其活动无影响。一般丘陵、半山区油茶林虫害发生重于山区。寒冬利于第二年虫害的发生。

**最佳防治时间**：4月下旬。

**主要防治方法**：及时收集风折虫枝，并对其进行集中烧毁或深埋；利用黑光灯进行诱杀，必要时用脱脂棉沾50％辛硫磷乳油40～50倍液，塞进虫孔后用泥封住，可毒杀幼虫。

### 4.2.3　油茶叶蜂

**发生历期**：2月下旬—5月上旬。

**发生气象条件**：一年一代，早春危害。倒春寒对虫口基数的影响很大。

**最佳防治时间**：3—4月。

**主要防治方法**：冬垦深翻林地可以消灭部分化蛹或越冬害虫。幼虫可喷洒杀螟腈、亚胺硫磷、二溴磷1 000～1 500倍液、2.5％溴氰菊酯乳油2 500～3 000倍液进行防治。

### 4.2.4　茶角胸叶甲

**发生历期**：4月底—5月下旬。

**发生气象条件**：一年一代。成虫傍晚集中取食，早晨露水未干前一般不活动，阴雨天成天取食。春季多雨有利于成虫活动。

**最佳防治时间**：5月中旬。

**主要防治方法**：采用微生物菌剂白僵菌、苏云金杆菌处理土壤，防治土壤中的幼虫和虫蛹。每 667 m² 可使用 0.5％苦参碱水剂 50～70 mL 或 5％鱼藤酮可溶液剂 100～200 mL 植物源农药进行防治。在成虫出土始盛期每 667 m² 可选用 10％联苯菊酯乳油 2 000 倍液或 15％茚虫威乳油 17～22 mL 进行防治。

## 4.2.5　油茶尺蠖

**发生历期：**4 月上旬—5 月下旬。

**发生气象条件：**一年一代。春季多雨不利于成虫活动。避风向阳及小气候较温暖的阳坡油茶林，一代油茶尺蠖发生早且重。

**最佳防治时间：**4 月左右。

**主要防治方法：**虫口密度较大时，可施用 10％联苯菊酯乳油或 10％吡虫啉可湿性粉剂，也可利用 0.2％阿维菌素、青虫菌、杀螟杆菌、苏云金杆菌液和 10％联苯菊酯乳油混合等进行防治。

## 4.2.6　油茶毒蛾

**发生历期：**幼虫为害期分别在 4—5 月、6—7 月、8—10 月。一般以春、秋两季发生为最重。

**发生气象条件：**油茶毒蛾的发生和发展与气候关系十分密切，如第一代毒蛾发生的迟早与春季温湿度有关，暖湿气候就早发生。一般山区较平原区、高山区较半山区该虫的发生期要迟 10 d 左右。在成虫羽化期，若遇高温干旱、久晴不雨，羽化率就低，产卵量也少。

**最佳防治时间：**5 月和 9 月。

**主要防治方法：**在成虫高发期，挂置黑光灯诱杀，或利用性信息素诱杀。针对油茶毒蛾在 3 龄前有聚集为害的特性，可利用 2.5％鱼藤酮乳油 300～500 倍液、0.36％苦参碱乳油 1 000 倍液、2.5％功夫菊酯 3 000～4 000 倍液喷雾进行防治。

### 4.2.7 黑跗眼天牛

**发生历期**：幼虫在被害枝干内越冬，3月下旬—5月中旬化蛹，4月下旬—6月中旬成虫产卵，6月中旬—7月中旬幼虫孵化。湖南、福建一年发生一代，贵州、江西两年发生一代。

**发生气象条件**：冬季气温高。

**最佳防治时间**：4月初—6月上旬。

**主要防治方法**：选育抗虫品种；抚育、修剪灭虫；当虫口密度很大、被害枝很多时，建议用药剂防治；成虫发生期用灯光诱杀成虫；因成虫产卵痕清晰，可于4月底或5月初，用锤击产卵刻槽，以杀死卵；用生防菌剂，即在林间释放白僵菌粉炮或喷施苏云金杆菌进行防治；4月下旬—6月上旬，在成虫活动及产卵高峰期，用绿色威雷300倍液或8%的氯氰菊酯微囊剂300～500倍液喷洒枝干触杀成虫。

### 4.2.8 油茶刺蛾

**发生历期**：湖南、江西等省一年发生三代，以老熟幼虫在茶丛根际落叶和表土中结茧越冬，三代幼虫分别在5月下旬—6月上旬，7月中、下旬，9月中、下旬盛发。常以第二代发生最多，危害较大。

**发生气象条件**：冬季气温高。

**最佳防治时间**：5、7、9月。

**主要防治方法**：人工防治（结合耕作击碎虫茧；灯光诱杀成虫）和化学药剂（90%敌百虫、25%亚胺硫磷等1 000～1 500倍液，或2.5%溴氰菊酯、20%杀灭菊酯等5 000～6 000倍液）喷施。

# 附表　油茶气候区划信息表

## 附表 1　湖南省油茶丰产气候区划各等级面积占比

| 行政区名 | | 行政区总面积/km² | 最适宜区 | | 适宜区 | | 较适宜区 | | 不适宜区 | |
|---|---|---|---|---|---|---|---|---|---|---|
| | | | 面积/km² | 面积占比/% | 面积/km² | 面积占比/% | 面积/km² | 面积占比/% | 面积/km² | 面积占比/% |
| 全省 | | 211 935.5 | 95 206.8 | 44.9 | 80 641.7 | 38.1 | 28 656.7 | 13.5 | 7 430.3 | 3.5 |
| 长沙市 | 芙蓉区 | 42.8 | 0.0 | 0.0 | 7.8 | 18.2 | 34.7 | 81.1 | 0.3 | 0.7 |
| | 天心区 | 136.3 | 0.0 | 0.0 | 47.8 | 35.1 | 88.5 | 64.9 | 0.0 | 0.0 |
| | 岳麓区 | 538.0 | 0.0 | 0.0 | 218.5 | 40.6 | 319.5 | 59.4 | 0.0 | 0.0 |
| | 开福区 | 191.5 | 0.0 | 0.0 | 83.0 | 43.3 | 108.5 | 56.7 | 0.0 | 0.0 |
| | 雨花区 | 293.3 | 0.0 | 0.0 | 203.0 | 69.2 | 90.3 | 30.8 | 0.0 | 0.0 |
| | 望城区 | 959.5 | 0.0 | 0.0 | 232.5 | 24.2 | 727.0 | 75.8 | 0.0 | 0.0 |
| | 长沙县 | 1 752.0 | 4.0 | 0.2 | 1 288.0 | 73.5 | 460.0 | 26.3 | 0.0 | 0.0 |
| | 浏阳市 | 5 001.0 | 1 875.8 | 37.5 | 2 784.7 | 55.7 | 274.0 | 5.5 | 66.5 | 1.3 |
| | 宁乡市 | 2 905.0 | 390.3 | 13.4 | 1 958.2 | 67.4 | 556.5 | 19.2 | 0.0 | 0.0 |
| | 总计 | 11 819.4 | 2 270.1 | 19.2 | 6 823.5 | 57.7 | 2 659.0 | 22.5 | 66.8 | 0.6 |
| 株洲市 | 荷塘区 | 152.8 | 0.0 | 0.0 | 62.8 | 41.1 | 90.0 | 58.9 | 0.0 | 0.0 |
| | 芦淞区 | 217.0 | 0.0 | 0.0 | 193.5 | 89.2 | 23.5 | 10.8 | 0.0 | 0.0 |
| | 石峰区 | 164.0 | 0.0 | 0.0 | 53.0 | 32.3 | 111.0 | 67.7 | 0.0 | 0.0 |
| | 天元区 | 327.8 | 0.0 | 0.0 | 327.8 | 100.0 | 0.0 | 0.0 | 0.0 | 0.0 |
| | 渌口区 | 1 052.8 | 150.0 | 14.2 | 888.0 | 84.3 | 14.8 | 1.4 | 0.0 | 0.0 |
| | 攸县 | 2 652.0 | 1 864.0 | 70.3 | 707.0 | 26.7 | 74.0 | 2.8 | 7.0 | 0.3 |
| | 茶陵县 | 2 494.8 | 2 208.7 | 88.5 | 179.3 | 7.2 | 97.3 | 3.9 | 9.5 | 0.4 |
| | 炎陵县 | 2 030.5 | 951.0 | 46.8 | 273.0 | 13.4 | 400.7 | 19.7 | 405.8 | 20.0 |
| | 醴陵市 | 2 158.5 | 293.3 | 13.6 | 1 780.2 | 82.5 | 78.5 | 3.6 | 6.5 | 0.3 |
| | 总计 | 11 250.2 | 5 467.0 | 48.6 | 4 464.6 | 39.7 | 889.8 | 7.9 | 428.8 | 3.8 |

续表

| 行政区名 | | 行政区总面积/km² | 最适宜区 | | 适宜区 | | 较适宜区 | | 不适宜区 | |
|---|---|---|---|---|---|---|---|---|---|---|
| | | | 面积/km² | 面积占比/% | 面积/km² | 面积占比/% | 面积/km² | 面积占比/% | 面积/km² | 面积占比/% |
| 湘潭市 | 雨湖区 | 451.5 | 0.0 | 0.0 | 145.5 | 32.2 | 306.0 | 67.8 | 0.0 | 0.0 |
| | 岳塘区 | 206.5 | 0.3 | 0.1 | 133.2 | 64.5 | 73.0 | 35.4 | 0.0 | 0.0 |
| | 湘潭县 | 2 137.3 | 114.8 | 5.4 | 2 021.7 | 94.6 | 0.8 | 0.0 | 0.0 | 0.0 |
| | 湘乡市 | 1 970.8 | 92.3 | 4.7 | 1 807.0 | 91.7 | 71.5 | 3.6 | 0.0 | 0.0 |
| | 韶山市 | 246.5 | 0.8 | 0.3 | 190.6 | 77.3 | 54.8 | 22.2 | 0.3 | 0.1 |
| | 总计 | 5 012.6 | 208.2 | 4.2 | 4 298.0 | 85.7 | 506.1 | 10.1 | 0.3 | 0.0 |
| 衡阳市 | 珠晖区 | 219.3 | 62.5 | 28.5 | 156.8 | 71.5 | 0.0 | 0.0 | 0.0 | 0.0 |
| | 雁峰区 | 83.3 | 0.0 | 0.0 | 83.3 | 100.0 | 0.0 | 0.0 | 0.0 | 0.0 |
| | 石鼓区 | 104.8 | 70.3 | 67.1 | 34.5 | 32.9 | 0.0 | 0.0 | 0.0 | 0.0 |
| | 蒸湘区 | 111.0 | 17.8 | 16.0 | 93.2 | 84.0 | 0.0 | 0.0 | 0.0 | 0.0 |
| | 南岳区 | 181.3 | 88.5 | 48.8 | 50.8 | 28.0 | 39.0 | 21.5 | 3.0 | 1.7 |
| | 衡阳县 | 2 558.3 | 511.3 | 20.0 | 2 031.7 | 79.4 | 15.0 | 0.6 | 0.3 | 0.0 |
| | 衡南县 | 2 615.0 | 642.0 | 24.6 | 1 969.7 | 75.3 | 3.3 | 0.1 | 0.0 | 0.0 |
| | 衡山县 | 938.8 | 344.3 | 36.7 | 591.2 | 63.0 | 3.3 | 0.4 | 0.0 | 0.0 |
| | 衡东县 | 1 929.8 | 609.3 | 31.6 | 1 319.5 | 68.4 | 1.0 | 0.1 | 0.0 | 0.0 |
| | 祁东县 | 1 872.0 | 410.0 | 21.9 | 1 447.2 | 77.3 | 14.5 | 0.8 | 0.3 | 0.0 |
| | 耒阳市 | 2 650.0 | 1 681.3 | 63.4 | 967.4 | 36.5 | 1.3 | 0.0 | 0.0 | 0.0 |
| | 常宁市 | 2 043.8 | 1 234.8 | 60.4 | 761.5 | 37.3 | 46.0 | 2.3 | 1.5 | 0.1 |
| | 总计 | 15 307.4 | 5 672.1 | 37.1 | 9 506.8 | 62.1 | 123.4 | 0.8 | 5.1 | 0.0 |
| 邵阳市 | 双清区 | 135.0 | 28.7 | 21.3 | 104.0 | 77.0 | 2.3 | 1.7 | 0.0 | 0.0 |
| | 大祥区 | 215.3 | 78.7 | 36.6 | 136.3 | 63.3 | 0.3 | 0.1 | 0.0 | 0.0 |
| | 北塔区 | 84.8 | 14.5 | 17.1 | 67.3 | 79.4 | 3.0 | 3.5 | 0.0 | 0.0 |
| | 新邵县 | 1 762.0 | 530.2 | 30.1 | 980.3 | 55.6 | 207.0 | 11.7 | 44.5 | 2.5 |
| | 邵阳县 | 2 000.3 | 1 132.7 | 56.6 | 819.8 | 41.0 | 39.3 | 2.0 | 8.5 | 0.4 |
| | 隆回县 | 2 875.0 | 1 825.5 | 63.5 | 417.0 | 14.5 | 271.0 | 9.4 | 361.5 | 12.6 |
| | 洞口县 | 2 184.3 | 1 432.7 | 65.6 | 262.0 | 12.0 | 346.8 | 15.9 | 142.8 | 6.5 |
| | 绥宁县 | 2 914.0 | 1 403.5 | 48.2 | 629.5 | 21.6 | 682.5 | 23.4 | 198.5 | 6.8 |
| | 新宁县 | 2 757.0 | 1 564.2 | 56.7 | 279.5 | 10.1 | 436.0 | 15.8 | 477.3 | 17.3 |
| | 城步县 | 2 584.5 | 404.6 | 15.7 | 481.3 | 18.6 | 857.8 | 33.2 | 840.8 | 32.5 |
| | 武冈市 | 1 540.8 | 1 333.2 | 86.5 | 148.5 | 9.6 | 46.8 | 3.0 | 12.3 | 0.8 |
| | 邵东市 | 1 780.0 | 569.4 | 32.0 | 1 206.3 | 67.8 | 4.3 | 0.2 | 0.0 | 0.0 |

续表

| 行政区名 | | 行政区总面积/km² | 最适宜区 | | 适宜区 | | 较适宜区 | | 不适宜区 | |
|---|---|---|---|---|---|---|---|---|---|---|
| | | | 面积/km² | 面积占比/% | 面积/km² | 面积占比/% | 面积/km² | 面积占比/% | 面积/km² | 面积占比/% |
| | 总计 | 20 833.0 | 10 317.9 | 49.5 | 5 531.8 | 26.6 | 2 897.1 | 13.9 | 2 086.2 | 10.0 |
| 岳阳市 | 岳阳楼区 | 408.0 | 97.0 | 23.8 | 310.7 | 76.2 | 0.3 | 0.1 | 0.0 | 0.0 |
| | 云溪区 | 381.0 | 287.0 | 75.3 | 91.7 | 24.1 | 0.0 | 0.0 | 2.3 | 0.6 |
| | 君山区 | 630.3 | 221.0 | 35.1 | 400.8 | 63.6 | 0.0 | 0.0 | 8.5 | 1.3 |
| | 岳阳县 | 2 814.3 | 165.5 | 5.9 | 2 465.0 | 87.6 | 176.8 | 6.3 | 7.0 | 0.2 |
| | 华容县 | 1 603.8 | 188.2 | 11.7 | 1 380.3 | 86.1 | 7.5 | 0.5 | 27.8 | 1.7 |
| | 湘阴县 | 1 546.5 | 0.0 | 0.0 | 890.7 | 57.6 | 655.8 | 42.4 | 0.0 | 0.0 |
| | 平江县 | 4 120.3 | 1 486.5 | 36.1 | 2 429.5 | 59.0 | 135.5 | 3.3 | 68.8 | 1.7 |
| | 汨罗市 | 1 670.0 | 0.0 | 0.0 | 892.2 | 53.4 | 777.5 | 16.6 | 0.3 | 0.0 |
| | 临湘市 | 1 719.5 | 684.5 | 39.8 | 995.2 | 57.9 | 19.0 | 1.1 | 20.8 | 1.2 |
| | 总计 | 14 893.7 | 3 129.7 | 21.0 | 9 856.1 | 66.2 | 1 772.4 | 11.9 | 135.5 | 0.9 |
| 常德市 | 武陵区 | 412.0 | 0.0 | 0.0 | 79.5 | 19.3 | 332.5 | 80.7 | 0.0 | 0.0 |
| | 鼎城区 | 2 342.0 | 17.3 | 0.7 | 951.4 | 40.6 | 1 373.3 | 58.6 | 0.0 | 0.0 |
| | 安乡县 | 1 085.3 | 0.0 | 0.0 | 289.0 | 26.6 | 790.3 | 72.8 | 6.0 | 0.6 |
| | 汉寿县 | 2 089.3 | 1.5 | 0.1 | 1 087.3 | 52.0 | 1 000.0 | 47.9 | 0.0 | 0.0 |
| | 澧县 | 2 075.5 | 0.0 | 0.0 | 942.0 | 45.4 | 1 112.5 | 53.6 | 21.0 | 1.0 |
| | 临澧县 | 1 204.0 | 0.0 | 0.0 | 410.5 | 34.1 | 793.2 | 65.9 | 0.3 | 0.0 |
| | 桃源县 | 4 444.3 | 2 499.8 | 56.2 | 1 682.8 | 37.9 | 261.2 | 5.9 | 0.5 | 0.0 |
| | 石门县 | 3 974.3 | 1 059.0 | 26.6 | 1 781.5 | 44.8 | 726.0 | 18.3 | 407.8 | 10.3 |
| | 津市市 | 555.8 | 0.0 | 0.0 | 98.5 | 17.7 | 457.3 | 82.3 | 0.0 | 0.0 |
| | 总计 | 18 182.5 | 3 577.6 | 19.7 | 7 322.5 | 40.3 | 6 846.8 | 37.7 | 435.6 | 2.4 |
| 张家界市 | 永定区 | 2 174.0 | 1 009.0 | 46.4 | 791.2 | 36.4 | 290.6 | 13.4 | 83.0 | 3.8 |
| | 武陵源区 | 399.0 | 102.0 | 25.6 | 127.0 | 31.8 | 140.2 | 35.1 | 29.8 | 7.5 |
| | 慈利县 | 3 500.3 | 1 699.0 | 48.5 | 1 229.8 | 35.1 | 508.7 | 14.5 | 62.8 | 1.8 |
| | 桑植县 | 3 474.3 | 1 401.0 | 40.3 | 856.0 | 24.6 | 863.8 | 24.9 | 353.5 | 10.2 |
| | 总计 | 9 547.6 | 4 211.0 | 44.1 | 3 004.0 | 31.5 | 1 803.6 | 18.9 | 529.0 | 5.5 |
| 益阳市 | 资阳区 | 574.0 | 0.0 | 0.0 | 145.5 | 25.3 | 428.5 | 74.7 | 0.0 | 0.0 |
| | 赫山区 | 1 278.5 | 1.5 | 0.1 | 979.5 | 76.6 | 297.5 | 23.3 | 0.0 | 0.0 |
| | 南县 | 1 328.8 | 0.0 | 0.0 | 909.5 | 68.4 | 418.8 | 31.5 | 0.5 | 0.0 |
| | 桃江县 | 2 067.0 | 943.0 | 45.6 | 1 054.4 | 51.0 | 69.3 | 3.4 | 0.3 | 0.0 |
| | 安化县 | 4 947.3 | 3 993.3 | 80.7 | 608.4 | 12.3 | 282.3 | 5.7 | 63.3 | 1.3 |

续表

| 行政区名 | | 行政区总面积/km² | 最适宜区 | | 适宜区 | | 较适宜区 | | 不适宜区 | |
|---|---|---|---|---|---|---|---|---|---|---|
| | | | 面积/km² | 面积占比/% | 面积/km² | 面积占比/% | 面积/km² | 面积占比/% | 面积/km² | 面积占比/% |
| | 沅江市 | 2 135.5 | 0.0 | 0.0 | 1 649.5 | 77.2 | 486.0 | 22.8 | 0.0 | 0.0 |
| | 总计 | 12 331.1 | 4 937.8 | 40.0 | 5 346.8 | 43.4 | 1 982.4 | 16.1 | 64.1 | 0.5 |
| 郴州市 | 北湖区 | 819.0 | 498.2 | 60.8 | 46.0 | 5.6 | 127.8 | 15.6 | 147.0 | 17.9 |
| | 苏仙区 | 1 342.5 | 834.7 | 62.2 | 223.5 | 16.6 | 176.8 | 13.2 | 107.5 | 8.0 |
| | 桂阳县 | 2 959.5 | 2 593.5 | 87.6 | 171.5 | 5.8 | 162.5 | 5.5 | 32.0 | 1.1 |
| | 宜章县 | 2 123.3 | 1 487.0 | 70.0 | 222.2 | 10.5 | 206.8 | 9.7 | 207.3 | 9.8 |
| | 永兴县 | 1 979.3 | 1 627.2 | 82.2 | 303.0 | 15.3 | 43.3 | 2.2 | 5.8 | 0.3 |
| | 嘉禾县 | 699.3 | 610.2 | 87.3 | 84.3 | 12.1 | 4.8 | 0.7 | 0.0 | 0.0 |
| | 临武县 | 1 388.3 | 909.5 | 65.5 | 195.8 | 14.1 | 182.0 | 13.1 | 101.0 | 7.3 |
| | 汝城县 | 2 403.0 | 789.4 | 32.9 | 774.5 | 32.2 | 689.3 | 28.7 | 149.8 | 6.2 |
| | 桂东县 | 1 456.0 | 80.5 | 5.5 | 203.0 | 13.9 | 617.0 | 42.4 | 555.5 | 38.2 |
| | 安仁县 | 1 460.0 | 1 280.4 | 87.7 | 142.3 | 9.7 | 30.0 | 2.1 | 7.3 | 0.5 |
| | 资兴市 | 2 727.8 | 1 522.5 | 55.8 | 579.8 | 21.3 | 479.0 | 17.6 | 146.5 | 5.4 |
| | 总计 | 19 358.0 | 12 233.1 | 63.2 | 2 945.9 | 15.2 | 2 719.3 | 14.0 | 1 459.7 | 7.5 |
| 永州市 | 零陵区 | 1 961.8 | 1 558.3 | 79.4 | 309.5 | 15.8 | 64.0 | 3.3 | 30.0 | 1.5 |
| | 冷水滩区 | 1 213.8 | 493.5 | 40.7 | 714.3 | 58.8 | 6.0 | 0.5 | 0.0 | 0.0 |
| | 祁阳县 | 2 538.0 | 1 582.7 | 62.4 | 815.3 | 32.1 | 101.5 | 4.0 | 38.5 | 1.5 |
| | 东安县 | 2 202.5 | 1 310.0 | 59.5 | 703.2 | 31.9 | 119.5 | 5.4 | 69.8 | 3.2 |
| | 双牌县 | 1 727.3 | 1 115.7 | 64.6 | 340.3 | 19.7 | 177.0 | 10.2 | 94.3 | 5.5 |
| | 道县 | 2 446.0 | 1 990.4 | 81.4 | 175.8 | 7.2 | 164.3 | 6.7 | 115.5 | 4.7 |
| | 江永县 | 1 630.8 | 1 311.5 | 80.4 | 131.5 | 8.1 | 112.3 | 6.9 | 75.5 | 4.6 |
| | 宁远县 | 2 491.8 | 1 888.5 | 75.8 | 247.8 | 9.9 | 205.0 | 8.2 | 150.5 | 6.0 |
| | 蓝山县 | 1 799.3 | 954.5 | 53.0 | 294.5 | 16.4 | 384.5 | 21.4 | 165.8 | 9.2 |
| | 新田县 | 1 006.5 | 869.7 | 86.4 | 119.3 | 11.9 | 17.5 | 1.7 | 0.0 | 0.0 |
| | 江华县 | 3 236.0 | 2 097.2 | 64.8 | 528.5 | 16.3 | 430.3 | 13.3 | 180.0 | 5.6 |
| | 总计 | 22 253.8 | 15 172.0 | 68.2 | 4 380.0 | 19.7 | 1 781.9 | 8.0 | 919.9 | 4.1 |
| 怀化市 | 鹤城区 | 674.3 | 250.8 | 37.2 | 416.7 | 61.8 | 5.8 | 0.9 | 1.0 | 0.1 |
| | 中方县 | 1 514.0 | 1 099.2 | 72.6 | 267.5 | 17.7 | 133.5 | 8.8 | 13.8 | 0.9 |
| | 沅陵县 | 5 841.0 | 3 887.2 | 66.6 | 1 661.3 | 28.4 | 254.0 | 4.3 | 38.5 | 0.7 |
| | 辰溪县 | 1 986.5 | 1 045.0 | 52.6 | 860.2 | 43.3 | 77.5 | 3.9 | 3.8 | 0.2 |
| | 溆浦县 | 3 434.0 | 2 274.5 | 66.2 | 477.0 | 13.9 | 448.0 | 13.0 | 234.5 | 6.8 |

续表

| 行政区名 | | 行政区总面积/km² | 最适宜区 | | 适宜区 | | 较适宜区 | | 不适宜区 | |
|---|---|---|---|---|---|---|---|---|---|---|
| | | | 面积/km² | 面积占比/% | 面积/km² | 面积占比/% | 面积/km² | 面积占比/% | 面积/km² | 面积占比/% |
| 怀化市 | 会同县 | 2 249.3 | 2 039.4 | 90.7 | 159.3 | 7.1 | 32.3 | 1.4 | 18.3 | 0.8 |
| | 麻阳县 | 1 564.5 | 560.5 | 35.8 | 967.2 | 61.8 | 26.0 | 1.7 | 10.8 | 0.7 |
| | 新晃县 | 1 504.5 | 849.7 | 56.5 | 544.3 | 36.2 | 92.0 | 6.1 | 18.5 | 1.2 |
| | 芷江县 | 2 095.5 | 1 684.0 | 80.4 | 342.4 | 16.3 | 52.3 | 2.5 | 16.8 | 0.8 |
| | 靖州县 | 2 205.8 | 1 595.0 | 72.3 | 411.5 | 18.7 | 178.5 | 8.1 | 20.8 | 0.9 |
| | 通道县 | 2 221.5 | 1 635.0 | 73.6 | 381.2 | 17.2 | 163.8 | 7.4 | 41.5 | 1.9 |
| | 洪江市 | 2 284.0 | 1 619.8 | 70.9 | 378.4 | 16.6 | 179.0 | 7.8 | 106.8 | 4.7 |
| | 总计 | 27 574.9 | 18 540.1 | 67.2 | 6 867.0 | 24.9 | 1 642.7 | 6.0 | 525.1 | 1.9 |
| 娄底市 | 娄星区 | 428.0 | 49.3 | 11.5 | 373.2 | 87.2 | 5.5 | 1.3 | 0.0 | 0.0 |
| | 双峰县 | 1 711.3 | 255.5 | 14.9 | 1 454.7 | 85.0 | 0.8 | 0.0 | 0.3 | 0.0 |
| | 新化县 | 3 632.8 | 2 466.8 | 67.9 | 642.5 | 17.7 | 354.5 | 9.8 | 169.0 | 4.7 |
| | 冷水江市 | 437.5 | 145.7 | 33.3 | 264.8 | 60.5 | 26.5 | 6.1 | 0.5 | 0.1 |
| | 涟源市 | 1 895.0 | 571.7 | 30.2 | 1 244.0 | 65.6 | 66.3 | 3.5 | 13.0 | 0.7 |
| | 总计 | 8 104.6 | 3 489.0 | 43.0 | 3 979.2 | 49.1 | 453.6 | 5.6 | 182.8 | 2.3 |
| 湘西州 | 吉首市 | 1 077.8 | 534.7 | 49.6 | 501.3 | 46.5 | 41.3 | 3.8 | 0.5 | 0.0 |
| | 泸溪县 | 1 566.3 | 278.8 | 17.8 | 1 279.7 | 81.7 | 7.8 | 0.5 | 0.0 | 0.0 |
| | 凤凰县 | 1 728.0 | 881.4 | 51.0 | 471.8 | 27.3 | 361.0 | 20.9 | 13.8 | 0.8 |
| | 花垣县 | 1 108.5 | 446.2 | 40.3 | 268.5 | 24.2 | 373.3 | 33.7 | 20.5 | 1.8 |
| | 保靖县 | 1 752.0 | 1 008.0 | 57.5 | 508.2 | 29.0 | 218.8 | 12.5 | 17.0 | 1.0 |
| | 古丈县 | 1 286.0 | 411.5 | 32.0 | 630.5 | 49.0 | 221.5 | 17.2 | 22.5 | 1.7 |
| | 永顺县 | 3 814.8 | 1 119.0 | 29.3 | 1 835.5 | 48.1 | 662.8 | 17.4 | 197.5 | 5.2 |
| | 龙山县 | 3 133.3 | 1 301.5 | 41.5 | 820.5 | 26.2 | 691.8 | 22.1 | 319.5 | 10.2 |
| | 总计 | 15 466.7 | 5 981.1 | 38.7 | 6 316.0 | 40.8 | 2 578.3 | 16.7 | 591.3 | 3.8 |

## 附表2　湖南省油茶生产含油率气候区划各等级面积占比

| 行政区名 | 行政区总面积/km² | 高含油率区 | | 较高含油率区 | | 中含油率区 | | 低含油率区 | | 不适宜区 | |
|---|---|---|---|---|---|---|---|---|---|---|---|
| | | 面积/km² | 面积占比/% | 面积/km² | 面积占比/% | 面积/km² | 面积占比/% | 面积/km² | 面积占比/% | 面积/km² | 面积占比/% |
| 全省 | 211 935.5 | 38 573.7 | 18.2 | 135 577.1 | 64.0 | 19 090.2 | 9.0 | 3.8 | 0.0 | 18 690.7 | 8.8 |
| 芙蓉区 | 42.8 | 0.0 | 0.0 | 0.0 | 0.0 | 42.8 | 100.0 | 0.0 | 0.0 | 0.0 | 0.0 |
| 天心区 | 136.3 | 0.0 | 0.0 | 27.5 | 20.2 | 108.8 | 79.8 | 0.0 | 0.0 | 0.0 | 0.0 |
| 岳麓区 | 538.0 | 0.0 | 0.0 | 404.4 | 75.2 | 133.3 | 24.8 | 0.3 | 0.1 | 0.0 | 0.0 |
| 开福区 | 191.5 | 0.0 | 0.0 | 7.0 | 3.7 | 184.5 | 96.3 | 0.0 | 0.0 | 0.0 | 0.0 |
| 雨花区 | 293.3 | 0.0 | 0.0 | 86.0 | 29.3 | 207.3 | 70.7 | 0.0 | 0.0 | 0.0 | 0.0 |
| 望城区 | 959.5 | 4.8 | 0.5 | 400.4 | 41.7 | 554.3 | 57.8 | 0.0 | 0.0 | 0.0 | 0.0 |
| 长沙县 | 1 752.0 | 6.3 | 0.4 | 710.7 | 40.6 | 1 035.0 | 59.1 | 0.0 | 0.0 | 0.0 | 0.0 |
| 浏阳市 | 5 001.0 | 562.3 | 11.2 | 3 129.0 | 62.6 | 1 180.6 | 23.6 | 0.3 | 0.0 | 128.8 | 2.6 |
| 宁乡市 | 2 905.0 | 158.0 | 5.4 | 2 187.2 | 75.3 | 556.5 | 19.2 | 0.0 | 0.0 | 3.3 | 0.1 |
| 长沙市 总计 | 11 819.4 | 731.4 | 6.2 | 6 952.2 | 58.8 | 4 003.1 | 33.9 | 0.6 | 0.0 | 132.1 | 1.1 |
| 荷塘区 | 152.8 | 0.0 | 0.0 | 96.5 | 63.2 | 56.3 | 36.8 | 0.0 | 0.0 | 0.0 | 0.0 |
| 芦淞区 | 217.0 | 0.0 | 0.0 | 178.7 | 82.4 | 38.3 | 17.6 | 0.0 | 0.0 | 0.0 | 0.0 |
| 石峰区 | 164.0 | 0.0 | 0.0 | 83.0 | 50.6 | 81.0 | 49.4 | 0.0 | 0.0 | 0.0 | 0.0 |
| 天元区 | 327.8 | 0.0 | 0.0 | 182.5 | 55.7 | 145.3 | 44.3 | 0.0 | 0.0 | 0.0 | 0.0 |
| 渌口区 | 1 052.8 | 25.0 | 2.4 | 691.5 | 65.7 | 336.3 | 31.9 | 0.0 | 0.0 | 0.0 | 0.0 |
| 攸县 | 2 652.0 | 386.0 | 14.6 | 1 678.2 | 63.3 | 535.0 | 20.2 | 0.0 | 0.0 | 52.8 | 2.0 |
| 茶陵县 | 2 494.8 | 446.7 | 17.9 | 1 888.0 | 75.7 | 73.8 | 3.0 | 0.0 | 0.0 | 86.3 | 3.5 |
| 炎陵县 | 2 030.5 | 617.2 | 30.4 | 562.5 | 27.7 | 0.0 | 0.0 | 0.0 | 0.0 | 850.8 | 41.9 |
| 醴陵市 | 2 158.5 | 142.3 | 6.6 | 1 478.3 | 68.5 | 532.8 | 24.7 | 0.3 | 0.0 | 4.8 | 0.2 |
| 株洲市 总计 | 11 250.2 | 1 617.2 | 14.4 | 6 839.2 | 60.8 | 1 798.8 | 16.0 | 0.3 | 0.0 | 994.7 | 8.8 |
| 雨湖区 | 451.5 | 0.0 | 0.0 | 65.2 | 14.4 | 386.0 | 85.5 | 0.3 | 0.1 | 0.0 | 0.0 |
| 岳塘区 | 206.5 | 0.0 | 0.0 | 76.2 | 36.9 | 130.3 | 63.1 | 0.0 | 0.0 | 0.0 | 0.0 |
| 湘潭县 | 2 137.3 | 5.5 | 0.3 | 781.5 | 36.6 | 1 350.3 | 63.2 | 0.0 | 0.0 | 0.0 | 0.0 |
| 湘乡市 | 1 970.8 | 20.5 | 1.0 | 943.8 | 47.9 | 1 006.5 | 51.1 | 0.0 | 0.0 | 0.0 | 0.0 |
| 韶山市 | 246.5 | 0.5 | 0.2 | 156.0 | 63.3 | 90.0 | 36.5 | 0.0 | 0.0 | 0.0 | 0.0 |
| 湘潭市 总计 | 5 012.6 | 26.5 | 0.5 | 2 022.7 | 40.4 | 2 963.1 | 59.1 | 0.3 | 0.0 | 0.0 | 0.0 |
| 衡阳市 珠晖区 | 219.3 | 0.0 | 0.0 | 1.5 | 0.7 | 217.8 | 99.3 | 0.0 | 0.0 | 0.0 | 0.0 |
| 衡阳市 雁峰区 | 83.3 | 0.0 | 0.0 | 1.0 | 1.2 | 82.0 | 98.4 | 0.3 | 0.4 | 0.0 | 0.0 |

续表

| 行政区名 | | 行政区总面积/km² | 高含油率区 | | 较高含油率区 | | 中含油率区 | | 低含油率区 | | 不适宜区 | |
|---|---|---|---|---|---|---|---|---|---|---|---|---|
| | | | 面积/km² | 面积占比/% | 面积/km² | 面积占比/% | 面积/km² | 面积占比/% | 面积/km² | 面积占比/% | 面积/km² | 面积占比/% |
| | 石鼓区 | 104.8 | 0.0 | 0.0 | 23.5 | 22.4 | 81.3 | 77.6 | 0.0 | 0.0 | 0.0 | 0.0 |
| | 蒸湘区 | 111.0 | 0.0 | 0.0 | 11.2 | 10.1 | 99.8 | 89.9 | 0.0 | 0.0 | 0.0 | 0.0 |
| | 南岳区 | 181.3 | 75.5 | 41.6 | 62.5 | 34.5 | 15.5 | 8.5 | 0.0 | 0.0 | 27.8 | 15.3 |
| | 衡阳县 | 2 558.3 | 116.3 | 4.5 | 1 965.7 | 76.8 | 467.3 | 18.3 | 0.0 | 0.0 | 9.0 | 0.4 |
| | 衡南县 | 2 615.0 | 30.3 | 1.2 | 515.6 | 19.7 | 2 068.8 | 79.1 | 0.3 | 0.0 | 0.0 | 0.0 |
| | 衡山县 | 938.8 | 28.5 | 3.0 | 625.0 | 66.6 | 284.3 | 30.3 | 0.0 | 0.0 | 1.0 | 0.1 |
| | 衡东县 | 1 929.8 | 41.0 | 2.1 | 952.8 | 49.4 | 935.5 | 48.5 | 0.5 | 0.0 | 0.0 | 0.0 |
| | 祁东县 | 1 872.0 | 149.2 | 8.0 | 1 266.0 | 67.6 | 452.5 | 24.2 | 0.3 | 0.0 | 4.0 | 0.2 |
| | 耒阳市 | 2 650.0 | 63.0 | 2.4 | 1 596.2 | 60.2 | 990.5 | 37.4 | 0.3 | 0.0 | 0.0 | 0.0 |
| | 常宁市 | 2 043.8 | 164.5 | 8.0 | 1 256.2 | 61.5 | 594.8 | 29.1 | 0.3 | 0.0 | 28.0 | 1.4 |
| | 总计 | 15 307.4 | 668.3 | 4.4 | 8 277.2 | 54.1 | 6 290.1 | 41.1 | 2.0 | 0.0 | 69.8 | 0.5 |
| 邵阳市 | 双清区 | 135.0 | 0.0 | 0.0 | 135.0 | 100.0 | 0.0 | 0.0 | 0.0 | 0.0 | 0.0 | 0.0 |
| | 大祥区 | 215.3 | 1.0 | 0.5 | 214.3 | 99.5 | 0.0 | 0.0 | 0.0 | 0.0 | 0.0 | 0.0 |
| | 北塔区 | 84.8 | 0.0 | 0.0 | 84.5 | 99.6 | 0.3 | 0.4 | 0.0 | 0.0 | 0.0 | 0.0 |
| | 新邵县 | 1 762.0 | 453.4 | 25.7 | 1 186.8 | 67.4 | 0.0 | 0.0 | 0.0 | 0.0 | 121.8 | 6.9 |
| | 邵阳县 | 2 000.3 | 167.0 | 8.3 | 1 799.0 | 89.9 | 0.3 | 0.0 | 0.0 | 0.0 | 34.0 | 1.7 |
| | 隆回县 | 2 875.0 | 684.2 | 23.8 | 1 646.0 | 57.3 | 0.0 | 0.0 | 0.0 | 0.0 | 544.8 | 18.9 |
| | 洞口县 | 2 184.3 | 643.0 | 29.4 | 1 131.0 | 51.8 | 0.0 | 0.0 | 0.0 | 0.0 | 410.3 | 18.8 |
| | 绥宁县 | 2 914.0 | 1 547.2 | 53.1 | 667.3 | 22.9 | 0.0 | 0.0 | 0.0 | 0.0 | 699.5 | 24.0 |
| | 新宁县 | 2 757.0 | 778.6 | 28.2 | 1 200.3 | 43.5 | 0.3 | 0.0 | 0.0 | 0.0 | 777.8 | 28.2 |
| | 城步县 | 2 584.5 | 826.7 | 32.0 | 223.0 | 8.6 | 0.0 | 0.0 | 0.0 | 0.0 | 1 534.8 | 59.4 |
| | 武冈市 | 1 540.8 | 492.2 | 31.9 | 1 006.8 | 65.3 | 0.0 | 0.0 | 0.0 | 0.0 | 41.8 | 2.7 |
| | 邵东市 | 1 780.0 | 148.7 | 8.4 | 1 630.0 | 91.6 | 0.0 | 0.0 | 0.0 | 0.0 | 1.3 | 0.1 |
| | 总计 | 20 833.0 | 5 742.0 | 27.6 | 10 924.0 | 52.4 | 0.9 | 0.0 | 0.0 | 0.0 | 4 166.1 | 20.0 |
| 岳阳市 | 岳阳楼区 | 408.0 | 0.8 | 0.2 | 407.2 | 99.8 | 0.0 | 0.0 | 0.0 | 0.0 | 0.0 | 0.0 |
| | 云溪区 | 381.0 | 4.3 | 1.1 | 376.4 | 98.8 | 0.3 | 0.1 | 0.0 | 0.0 | 0.0 | 0.0 |
| | 君山区 | 630.3 | 2.5 | 0.4 | 624.0 | 99.0 | 0.0 | 0.0 | 0.0 | 0.0 | 3.8 | 0.6 |
| | 岳阳县 | 2 814.3 | 182.3 | 6.5 | 2 625.7 | 93.3 | 1.3 | 0.0 | 0.0 | 0.0 | 5.0 | 0.2 |
| | 华容县 | 1 603.8 | 37.3 | 2.3 | 1 547.2 | 96.5 | 0.0 | 0.0 | 0.0 | 0.0 | 19.3 | 1.2 |
| | 湘阴县 | 1 546.5 | 4.8 | 0.3 | 1 468.2 | 94.9 | 73.5 | 4.8 | 0.0 | 0.0 | 0.0 | 0.0 |
| | 平江县 | 4 120.3 | 722.0 | 17.5 | 3 207.5 | 77.8 | 58.0 | 1.4 | 0.0 | 0.0 | 132.8 | 3.2 |

# 湖南油茶高效栽培气象服务手册

续表

| 行政区名 | | 行政区总面积/km² | 高含油率区 面积/km² | 高含油率区 面积占比/% | 较高含油率区 面积/km² | 较高含油率区 面积占比/% | 中含油率区 面积/km² | 中含油率区 面积占比/% | 低含油率区 面积/km² | 低含油率区 面积占比/% | 不适宜区 面积/km² | 不适宜区 面积占比/% |
|---|---|---|---|---|---|---|---|---|---|---|---|---|
| | 汨罗市 | 1 670.0 | 50.3 | 3.0 | 1 569.2 | 94.0 | 50.5 | 3.0 | 0.0 | 0.0 | 0.0 | 0.0 |
| | 临湘市 | 1 719.5 | 244.3 | 14.2 | 1 433.7 | 83.4 | 22.5 | 1.3 | 0.0 | 0.0 | 19.0 | 1.1 |
| | 总计 | 14 893.7 | 1 248.6 | 8.4 | 13 259.1 | 89.0 | 206.1 | 1.4 | 0.0 | 0.0 | 179.9 | 1.2 |
| 常德市 | 武陵区 | 412.0 | 2.3 | 0.6 | 327.4 | 79.5 | 82.3 | 20.0 | 0.0 | 0.0 | 0.0 | 0.0 |
| | 鼎城区 | 2 342.0 | 5.8 | 0.2 | 2 194.4 | 93.7 | 141.8 | 6.1 | 0.0 | 0.0 | 0.0 | 0.0 |
| | 安乡县 | 1 085.3 | 0.0 | 0.0 | 1 083.8 | 99.9 | 0.0 | 0.0 | 0.0 | 0.0 | 1.5 | 0.1 |
| | 汉寿县 | 2 089.3 | 0.0 | 0.0 | 2 081.8 | 99.6 | 7.5 | 0.4 | 0.0 | 0.0 | 0.0 | 0.0 |
| | 澧县 | 2 075.5 | 44.3 | 2.1 | 2 012.6 | 97.0 | 8.3 | 0.4 | 0.0 | 0.0 | 10.3 | 0.5 |
| | 临澧县 | 1 204.0 | 7.3 | 0.6 | 1 147.9 | 95.3 | 48.8 | 4.1 | 0.0 | 0.0 | 0.0 | 0.0 |
| | 桃源县 | 4 444.3 | 390.5 | 8.8 | 2 297.7 | 51.7 | 1 733.3 | 39.0 | 0.3 | 0.0 | 22.5 | 0.5 |
| | 石门县 | 3 974.3 | 1 271.0 | 32.0 | 1 887.7 | 47.5 | 96.8 | 2.4 | 0.0 | 0.0 | 718.8 | 18.1 |
| | 津市市 | 555.8 | 0.3 | 0.1 | 554.7 | 99.8 | 0.8 | 0.1 | 0.0 | 0.0 | 0.0 | 0.0 |
| | 总计 | 18 182.5 | 1 721.5 | 9.5 | 13 588.0 | 74.7 | 2 119.6 | 11.7 | 0.3 | 0.0 | 753.1 | 4.1 |
| 张家界市 | 永定区 | 2 174.0 | 476.3 | 21.9 | 1 396.9 | 64.3 | 105.3 | 4.8 | 0.0 | 0.0 | 195.5 | 9.0 |
| | 武陵源区 | 399.0 | 128.0 | 32.1 | 161.2 | 40.4 | 0.3 | 0.1 | 0.0 | 0.0 | 109.5 | 27.4 |
| | 慈利县 | 3 500.3 | 923.0 | 26.4 | 2 023.8 | 57.8 | 291.0 | 8.3 | 0.0 | 0.0 | 262.5 | 7.5 |
| | 桑植县 | 3 474.3 | 874.8 | 25.2 | 1 509.0 | 43.4 | 2.0 | 0.1 | 0.0 | 0.0 | 1 088.5 | 31.3 |
| | 总计 | 9 547.6 | 2 402.1 | 25.2 | 5 090.9 | 53.3 | 398.6 | 4.2 | 0.0 | 0.0 | 1 656.0 | 17.3 |
| 益阳市 | 资阳区 | 574.0 | 0.0 | 0.0 | 572.7 | 99.8 | 1.3 | 0.2 | 0.0 | 0.0 | 0.0 | 0.0 |
| | 赫山区 | 1 278.5 | 2.3 | 0.2 | 1 258.7 | 98.5 | 17.5 | 1.4 | 0.0 | 0.0 | 0.0 | 0.0 |
| | 南县 | 1 328.8 | 0.0 | 0.0 | 1 328.0 | 99.9 | 0.3 | 0.0 | 0.0 | 0.0 | 0.5 | 0.0 |
| | 桃江县 | 2 067.0 | 179.8 | 8.7 | 1 877.9 | 90.9 | 8.8 | 0.4 | 0.0 | 0.0 | 0.5 | 0.0 |
| | 安化县 | 4 947.3 | 1 193.0 | 24.1 | 3 368.5 | 68.1 | 146.5 | 3.0 | 0.0 | 0.0 | 239.3 | 4.8 |
| | 沅江市 | 2 135.5 | 0.0 | 0.0 | 2 132.5 | 99.9 | 3.0 | 0.1 | 0.0 | 0.0 | 0.0 | 0.0 |
| | 总计 | 12 331.1 | 1 375.1 | 11.2 | 10 538.3 | 85.5 | 177.4 | 1.4 | 0.0 | 0.0 | 240.3 | 1.9 |
| 郴州市 | 北湖区 | 819.0 | 138.5 | 16.9 | 431.2 | 52.6 | 0.5 | 0.1 | 0.0 | 0.0 | 248.8 | 30.4 |
| | 苏仙区 | 1 342.5 | 227.5 | 16.9 | 860.7 | 64.1 | 8.0 | 0.6 | 0.0 | 0.0 | 246.3 | 18.3 |
| | 桂阳县 | 2 959.5 | 526.2 | 17.8 | 2 281.0 | 77.1 | 19.0 | 0.6 | 0.0 | 0.0 | 133.3 | 4.5 |
| | 宜章县 | 2 123.3 | 439.5 | 20.7 | 1 311.0 | 61.7 | 0.3 | 0.0 | 0.0 | 0.0 | 372.5 | 17.5 |
| | 永兴县 | 1 979.3 | 228.5 | 11.5 | 1 690.5 | 85.4 | 21.8 | 1.1 | 0.0 | 0.0 | 38.5 | 1.9 |
| | 嘉禾县 | 699.3 | 23.0 | 3.3 | 675.8 | 96.6 | 0.0 | 0.0 | 0.0 | 0.0 | 0.5 | 0.1 |

续表

| 行政区名 | 行政区总面积 /km² | 高含油率区 | | 较高含油率区 | | 中含油率区 | | 低含油率区 | | 不适宜区 | |
|---|---|---|---|---|---|---|---|---|---|---|---|
| | | 面积 /km² | 面积占比 /% | 面积 /km² | 面积占比 /% | 面积 /km² | 面积占比 /% | 面积 /km² | 面积占比 /% | 面积 /km² | 面积占比 /% |
| 临武县 | 1 388.3 | 453.5 | 32.7 | 698.0 | 50.3 | 0.0 | 0.0 | 0.0 | 0.0 | 236.8 | 17.1 |
| 汝城县 | 2 403.0 | 1 490.5 | 62.0 | 188.0 | 7.8 | 0.0 | 0.0 | 0.0 | 0.0 | 724.5 | 30.1 |
| 桂东县 | 1 456.0 | 267.0 | 18.3 | 19.2 | 1.3 | 0.0 | 0.0 | 0.0 | 0.0 | 1 169.8 | 80.3 |
| 安仁县 | 1 460.0 | 130.3 | 8.9 | 1 082.8 | 74.2 | 220.3 | 15.1 | 0.3 | 0.0 | 26.3 | 1.8 |
| 资兴市 | 2 727.8 | 1 341.8 | 49.2 | 803.0 | 29.4 | 5.0 | 0.2 | 0.0 | 0.0 | 578.0 | 21.2 |
| 总计 | 19 358.0 | 5 266.3 | 27.2 | 10 041.2 | 51.9 | 274.9 | 1.4 | 0.3 | 0.0 | 3 775.3 | 19.5 |
| 零陵区 | 1 961.8 | 250.3 | 12.8 | 1 622.7 | 82.7 | 4.3 | 0.2 | 0.0 | 0.0 | 84.5 | 4.3 |
| 冷水滩区 | 1 213.8 | 36.5 | 3.0 | 1 162.8 | 95.8 | 12.5 | 1.0 | 0.0 | 0.0 | 2.0 | 0.2 |
| 祁阳县 | 2 538.0 | 342.7 | 13.5 | 1 860.0 | 73.3 | 234.5 | 9.2 | 0.0 | 0.0 | 100.8 | 4.0 |
| 东安县 | 2 202.5 | 406.3 | 18.4 | 1 628.9 | 74.0 | 14.8 | 0.7 | 0.0 | 0.0 | 152.5 | 6.9 |
| 双牌县 | 1 727.3 | 864.0 | 50.0 | 629.3 | 36.4 | 0.5 | 0.0 | 0.0 | 0.0 | 233.5 | 13.5 |
| 道县 | 2 446.0 | 473.3 | 19.3 | 1 675.2 | 68.5 | 0.0 | 0.0 | 0.0 | 0.0 | 297.5 | 12.2 |
| 江永县 | 1 630.8 | 419.8 | 25.7 | 988.5 | 60.6 | 0.0 | 0.0 | 0.0 | 0.0 | 222.5 | 13.6 |
| 宁远县 | 2 491.8 | 635.0 | 25.5 | 1 559.8 | 62.6 | 0.0 | 0.0 | 0.0 | 0.0 | 297.0 | 11.9 |
| 蓝山县 | 1 799.3 | 578.3 | 32.1 | 700.4 | 38.9 | 0.3 | 0.0 | 0.0 | 0.0 | 520.3 | 28.9 |
| 新田县 | 1 006.5 | 215.5 | 21.4 | 784.7 | 78.0 | 0.3 | 0.0 | 0.0 | 0.0 | 6.0 | 0.6 |
| 江华县 | 3 236.0 | 1 240.0 | 38.3 | 1 281.2 | 39.6 | 0.0 | 0.0 | 0.0 | 0.0 | 714.8 | 22.1 |
| 总计 | 22 253.8 | 5 461.7 | 24.5 | 13 893.5 | 62.4 | 267.2 | 1.2 | 0.0 | 0.0 | 2 631.4 | 11.8 |
| 鹤城区 | 674.3 | 48.8 | 7.2 | 622.2 | 92.3 | 0.0 | 0.0 | 0.0 | 0.0 | 3.3 | 0.5 |
| 中方县 | 1 514.0 | 317.8 | 21.0 | 1 090.9 | 72.1 | 2.3 | 0.2 | 0.0 | 0.0 | 103.0 | 6.8 |
| 沅陵县 | 5 841.0 | 998.3 | 17.1 | 4 452.1 | 76.2 | 248.3 | 4.3 | 0.0 | 0.0 | 142.3 | 2.4 |
| 辰溪县 | 1 986.5 | 319.3 | 16.1 | 1 593.1 | 80.2 | 38.3 | 1.9 | 0.0 | 0.0 | 35.8 | 1.8 |
| 溆浦县 | 3 434.0 | 1 146.5 | 33.4 | 1 700.0 | 49.5 | 16.0 | 0.5 | 0.0 | 0.0 | 571.5 | 16.6 |
| 会同县 | 2 249.3 | 629.8 | 28.0 | 1 594.0 | 70.9 | 0.0 | 0.0 | 0.0 | 0.0 | 25.5 | 1.1 |
| 麻阳县 | 1 564.5 | 102.0 | 6.5 | 1 437.6 | 91.9 | 1.5 | 0.1 | 0.0 | 0.0 | 23.8 | 1.5 |
| 新晃县 | 1 504.5 | 643.3 | 42.8 | 710.4 | 47.2 | 0.3 | 0.0 | 0.0 | 0.0 | 150.5 | 10.0 |
| 芷江县 | 2 095.5 | 421.5 | 20.1 | 1 632.5 | 77.9 | 0.0 | 0.0 | 0.0 | 0.0 | 41.5 | 2.0 |
| 靖州县 | 2 205.8 | 999.5 | 45.3 | 1 070.8 | 48.5 | 0.0 | 0.0 | 0.0 | 0.0 | 135.5 | 6.1 |
| 通道县 | 2 221.5 | 1 172.8 | 52.8 | 875.7 | 39.4 | 0.0 | 0.0 | 0.0 | 0.0 | 173.0 | 7.8 |
| 洪江市 | 2 284.0 | 511.5 | 22.4 | 1 530.9 | 67.0 | 1.3 | 0.1 | 0.0 | 0.0 | 240.3 | 10.5 |
| 总计 | 27 574.9 | 7 311.1 | 26.5 | 18 309.8 | 66.4 | 308.0 | 1.1 | 0.0 | 0.0 | 1 646.0 | 6.0 |

(永州市)

(怀化市)

续表

| 行政区名 | | 行政区总面积/km² | 高含油率区 | | 较高含油率区 | | 中含油率区 | | 低含油率区 | | 不适宜区 | |
|---|---|---|---|---|---|---|---|---|---|---|---|---|
| | | | 面积/km² | 面积占比/% | 面积/km² | 面积占比/% | 面积/km² | 面积占比/% | 面积/km² | 面积占比/% | 面积/km² | 面积占比/% |
| 娄底市 | 娄星区 | 428.0 | 17.8 | 4.2 | 405.4 | 94.7 | 4.8 | 1.1 | 0.0 | 0.0 | 0.0 | 0.0 |
| | 双峰县 | 1 711.3 | 83.0 | 4.9 | 1 461.3 | 85.4 | 167.0 | 9.8 | 0.0 | 0.0 | 0.0 | 0.0 |
| | 新化县 | 3 632.8 | 1 002.8 | 27.6 | 2 197.7 | 60.5 | 7.8 | 0.2 | 0.0 | 0.0 | 424.5 | 11.7 |
| | 冷水江市 | 437.5 | 93.3 | 21.3 | 331.9 | 75.9 | 0.0 | 0.0 | 0.0 | 0.0 | 12.3 | 2.8 |
| | 涟源市 | 1 895.0 | 316.8 | 16.7 | 1 458.7 | 77.0 | 92.0 | 4.9 | 0.0 | 0.0 | 27.5 | 1.5 |
| | 总计 | 8 104.6 | 1 513.7 | 18.7 | 5 855.0 | 72.2 | 271.6 | 3.4 | 0.0 | 0.0 | 464.3 | 5.7 |
| 湘西州 | 吉首市 | 1 077.8 | 150.3 | 13.9 | 921.5 | 85.5 | 1.0 | 0.1 | 0.0 | 0.0 | 5.0 | 0.5 |
| | 泸溪县 | 1 566.3 | 104.5 | 6.7 | 1 455.3 | 92.9 | 6.0 | 0.4 | 0.0 | 0.0 | 0.5 | 0.0 |
| | 凤凰县 | 1 728.0 | 674.5 | 39.0 | 831.2 | 48.1 | 0.0 | 0.0 | 0.0 | 0.0 | 222.3 | 12.9 |
| | 花垣县 | 1 108.5 | 432.3 | 39.0 | 442.4 | 39.9 | 0.0 | 0.0 | 0.0 | 0.0 | 233.8 | 21.1 |
| | 保靖县 | 1 752.0 | 426.8 | 24.4 | 1 172.9 | 66.9 | 0.5 | 0.0 | 0.0 | 0.0 | 151.8 | 8.7 |
| | 古丈县 | 1 286.0 | 436.5 | 33.9 | 792.2 | 61.6 | 0.5 | 0.0 | 0.0 | 0.0 | 56.8 | 4.4 |
| | 永顺县 | 3 814.8 | 619.5 | 16.2 | 2 817.8 | 73.9 | 1.5 | 0.0 | 0.0 | 0.0 | 376.0 | 9.9 |
| | 龙山县 | 3 133.3 | 643.5 | 20.5 | 1 552.7 | 49.6 | 1.3 | 0.0 | 0.0 | 0.0 | 935.5 | 29.9 |
| | 总计 | 15 466.7 | 3 488.2 | 22.6 | 9 986.0 | 64.6 | 10.8 | 0.1 | 0.0 | 0.0 | 1 981.7 | 12.8 |

## 附表3 湖南省油茶气象灾害综合区划各等级面积占比

| 行政区名 | 行政区总面积/km² | 高发区 | | 中发区 | | 低发区 | | 微发区 | |
|---|---|---|---|---|---|---|---|---|
| | | 面积/km² | 面积占比/% | 面积/km² | 面积占比/% | 面积/km² | 面积占比/% | 面积/km² | 面积占比/% |
| 全省 | 211 935.5 | 10 584.1 | 5.0 | 22 235.7 | 10.5 | 27 069.6 | 12.8 | 152 046.1 | 71.7 |
| 长沙市 | 11 819.4 | 191.8 | 1.6 | 752.3 | 6.4 | 1 508.4 | 12.8 | 9 366.9 | 79.3 |
| 株洲市 | 11 250.2 | 479.3 | 4.3 | 523.1 | 4.6 | 1 285.7 | 11.4 | 8 962.1 | 79.7 |
| 湘潭市 | 5 012.6 | 0.0 | 0.0 | 7.8 | 0.2 | 1 156.6 | 23.1 | 3 848.2 | 76.8 |
| 衡阳市 | 15 307.4 | 26.4 | 0.2 | 121.2 | 0.8 | 1 440.4 | 9.4 | 13 719.4 | 89.6 |
| 邵阳市 | 20 833.0 | 2 205.5 | 10.6 | 2 701.0 | 13.0 | 1 869.7 | 9.0 | 14 056.8 | 67.5 |
| 岳阳市 | 14 893.7 | 306.8 | 2.1 | 1 165.8 | 7.8 | 2 241.3 | 15.0 | 11 179.8 | 75.1 |
| 常德市 | 18 182.5 | 997.9 | 5.5 | 1 257.9 | 6.9 | 1 758.7 | 9.7 | 14 168.0 | 77.9 |

续表

| 行政区名 | 行政区总面积/km² | 高发区 | | 中发区 | | 低发区 | | 微发区 | |
|---|---|---|---|---|---|---|---|---|---|
| | | 面积/km² | 面积占比/% | 面积/km² | 面积占比/% | 面积/km² | 面积占比/% | 面积/km² | 面积占比/% |
| 张家界市 | 9 547.6 | 1 841.0 | 19.3 | 2 475.0 | 25.9 | 1 874.4 | 19.6 | 3 357.2 | 35.2 |
| 益阳市 | 12 331.1 | 329.8 | 2.7 | 1 535.3 | 12.5 | 2 137.8 | 17.3 | 8 328.2 | 67.5 |
| 郴州市 | 19 358.0 | 910.8 | 4.7 | 1 482.8 | 7.7 | 1 525.1 | 7.9 | 15 439.3 | 79.8 |
| 永州市 | 22 253.8 | 352.8 | 1.6 | 1 045.7 | 4.7 | 1 401.0 | 6.3 | 19 454.3 | 87.4 |
| 怀化市 | 27 574.9 | 804.8 | 2.9 | 3 410.6 | 12.4 | 3 408.1 | 12.4 | 19 951.4 | 72.4 |
| 娄底市 | 8 104.6 | 333.3 | 4.1 | 844.3 | 10.4 | 1 365.4 | 16.8 | 5 561.6 | 68.6 |
| 湘西州 | 15 466.7 | 1 803.9 | 11.7 | 4 912.9 | 31.8 | 4 097.0 | 26.5 | 4 652.9 | 30.1 |

## 附表4　湖南省油茶气象灾害综合风险区划各等级面积占比

| 行政区名 | 行政区总面积/km² | 高风险区 | | 中风险区 | | 低风险区 | | 微风险区 | |
|---|---|---|---|---|---|---|---|---|---|
| | | 面积/km² | 面积占比/% | 面积/km² | 面积占比/% | 面积/km² | 面积占比/% | 面积/km² | 面积占比/% |
| 全省 | 211 935.5 | 2 497.3 | 1.2 | 65 763.1 | 31.0 | 125 804.8 | 59.4 | 17 870.3 | 8.4 |
| 长沙市 | 11 819.4 | 48.5 | 0.4 | 3 851.6 | 32.6 | 7 908.5 | 66.9 | 10.8 | 0.1 |
| 株洲市 | 11 250.2 | 27.3 | 0.2 | 2 719.9 | 24.2 | 7 925.7 | 70.4 | 577.3 | 5.1 |
| 湘潭市 | 5 012.6 | 0.0 | 0.0 | 3 059.0 | 61.0 | 1 953.6 | 39.0 | 0.0 | 0.0 |
| 衡阳市 | 15 307.4 | 0.5 | 0.0 | 4 168.5 | 27.2 | 11 130.8 | 72.7 | 7.6 | 0.0 |
| 邵阳市 | 20 833.0 | 618.1 | 3.0 | 5 099.2 | 24.5 | 15 099.9 | 72.5 | 15.8 | 0.1 |
| 岳阳市 | 14 893.7 | 63.1 | 0.4 | 1 837.9 | 12.3 | 12 691.9 | 85.2 | 300.8 | 2.0 |
| 常德市 | 18 182.5 | 511.1 | 2.8 | 2 921.6 | 16.1 | 14 692.3 | 80.8 | 57.5 | 0.3 |
| 张家界市 | 9 547.6 | 639.0 | 6.7 | 5 445.3 | 57.0 | 3 426.5 | 35.9 | 36.8 | 0.4 |
| 益阳市 | 12 331.1 | 31.5 | 0.3 | 6 298.3 | 51.1 | 6 000.8 | 48.7 | 0.5 | 0.0 |
| 郴州市 | 19 358.0 | 27.8 | 0.1 | 907.2 | 4.7 | 8 395.5 | 43.4 | 10 027.5 | 51.8 |
| 永州市 | 22 253.8 | 15.4 | 0.1 | 835.2 | 3.8 | 14 674.6 | 65.9 | 6 728.7 | 30.2 |
| 怀化市 | 27 574.9 | 93.2 | 0.3 | 11 980.7 | 43.4 | 15 428.9 | 56.0 | 72.1 | 0.3 |
| 娄底市 | 8 104.6 | 52.3 | 0.6 | 2 702.2 | 33.3 | 5 350.1 | 66.0 | 0.0 | 0.0 |
| 湘西州 | 15 466.7 | 369.5 | 2.4 | 13 936.5 | 90.1 | 1 125.8 | 7.3 | 34.9 | 0.2 |

# 附图 油茶病虫害图例

油茶炭疽病

油茶软腐病

油茶茶苞病

油茶藻斑病

油茶半边疯病

油茶烟煤病

油茶根腐病

附图 1 油茶病害图例

油茶象甲　　　　　　　　　　油茶织蛾

油茶叶蜂　　　　　　　　　　茶角胸叶甲

油茶尺蠖（幼虫）　　　　　　油茶毒蛾

黑跗眼天牛（幼虫）　　　　　油茶刺蛾

附图 2　油茶害虫图例

策划编辑：卢　宇
责任编辑：廖　鹏
封面设计：闽江文化
　　　　　QQ 2113265206

# 湖南油茶
# 高效栽培
## 气象服务手册

打开手机淘宝
扫一扫

湖南大学出版社
当当网图书旗舰店

ISBN 978-7-5667-2536-3

9 787566 725363 >

定价：28.00元